illust pan

그림 그대로 빵이 되는

코넬의  그림빵 레시피

Ran 지음 | 나슬아 옮김

🦅 라의눈

BEAR
레시피는 22쪽에

poppy
레시피는 34쪽에

차 례

Camouflage
레시피는 50쪽에

LEOPARD PRINT
레시피는 52쪽에

Pad
레시피는 62쪽에

HEART
레시피는 74쪽에

Electric train
레시피는 68쪽에

그림빵의 세계로 ♡
초대합니다!

안녕하세요, 처음 인사드립니다. 란Ran 입니다.
빵을 만드는 것도, 먹는 것도 모두 엄청 좋아해서 작은 제빵 교실을 운영하고 있어요.
약 2년 전부터 블로그와 인스타그램을 통해 그림빵을 소개했고,
전 세계에서 좋은 반응을 얻었습니다.
가족이나 가까운 친구들과 즐겨 만든 그림빵이
점점 퍼져가는 게 놀랍고 기쁘기도 합니다.

이 책에서 소개하는 그림빵은
마치 김밥처럼, 자르고 잘라도 귀여운 그림이 나오는 빵입니다.
어려워 보여도 약간의 요령을 알고 나면
제빵에 서툰 초보자라도 만들 수 있어요.

책을 통해 여러분께 그림빵을 소개할 수 있게 되어 정말 기쁩니다.
이 책에서는 처음 만드는 사람도 무리 없이 만들 수 있는 빵부터
조금은 손이 가는 빵까지, 20가지 그림빵 레시피를 실었어요.
처음에는 레시피 그대로 만들어보세요.
만약 완성된 빵이 사진처럼 만들어지지 않았더라도 괜찮습니다.

그림빵의 좋은 점은 '정답'이 없다는 것이죠.
만들면 즐겁다, 먹으면 맛있다.
그림빵이 있는 곳에는 웃는 얼굴이 넘쳐납니다.
여러분도 그 행복을 느낄 수 있다면, 저는 이루 말할 수 없이 기쁠 거예요.

그림빵의 매력

다음 조각은 어떤 모습일까?

원통 모양의 그림빵은 어떻게 잘랐느냐에 따라 빵 속 그림의 표정이 미묘하게 바뀝니다. 한 조각씩 자를 때마다 두근두근 설레죠.

만드는 과정도 즐거워!

그림빵은 만드는 과정도 정말 즐겁습니다. 상상력을 총동원하여 부품을 배치하고 조립하는 것 같다고 할까요. 어렸을 때 갖고 놀았던 점토나 프라모델이 생각날 거예요.

겉은 바삭하고 안은 부드러워 맛있어!

빵 굽는 냄새로 집 안에 행복이 가득 찹니다. 갓 구운 빵은 겉은 바삭하고 안은 촉촉하죠. 그림빵은 동그랗고 귀여운 모양인데다 아이도 먹기 좋은 크기입니다. 원하는 두께로 자르면 끝이니까요!

어디서나 주인공이 된다!

그림빵은 집에서 식사로는 물론, 파티나 피크닉에도 좋습니다. 접시에 빵을 담아 놓기만 해도 분위기가 단번에 화려해져요. 모두의 시선을 고정시키니까요. 파티나 피크닉에서 대화도 술술 풀릴 거예요.

Life with illustrations Bread
그림빵과 함께하는 일상

Toast

귀여운 무늬의 토스트

토스트도 그림빵이라면 이렇게 화려해집니다.
그림빵으로는 특별한 연출을 할 수 있어요.
빵을 두껍게 잘라 살짝 구우면
겉은 고소하고, 안은 폭신폭신 부드럽습니다.
잼이나 버터 등 좋아하는 스프레드를 발라드세요.

Rusk

예쁜데다 맛도 좋은 러스크

얇게 자른 그림빵을 두 번 구워
버터와 그래뉴당을 뿌린 러스크.
한 장씩 포장하면 선물용으로도 좋지요.
오래 보관하기 좋아요.
빵을 너무 많이 구웠을 때
보관하는 방법으로도 추천합니다.
(레시피는 38쪽에.)

Sandwich

아이들이 좋아하는 샌드위치

아이들이 좋아하는 캐릭터 도시락도
그림빵으로라면 간단히 만들 수 있습니다.
빵을 얇게 자른 후 테두리는 잘라버리고
좋아하는 속 재료를 넣어, 샌드위치 완성!
도시락 뚜껑을 열었을 때
미소 지을 아이의 얼굴이 눈에 선하네요.

PRESENT

특별한 날의 선물

자르지 않은 그림빵을
불투명 포장지에 싼 다음,
커팅보드와 빵칼을 챙겨서
파티에 가지고 가보세요.
모두가 보는 앞에서 자르면
파티 분위기가 한층 좋아질 거예요.

Basic Tools
기본 도구

그림빵을 만들 때 사용하는 도구.
빵이나 과자를 만드는 기본 도구이니 갖추고 있으면 좋습니다.

{ 계량할 때 }

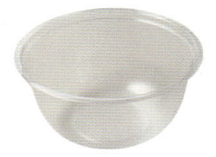

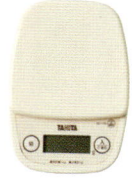

볼

보통, 발효 상태를 보기 위해 투명한 볼을 사용합니다. 그림빵은 발효할 때 반죽을 색깔별로 나누고 평철판(빵팬)+오븐시트 위에 올리니, 투명한 볼이 아니어도 괜찮아요.

계량스푼&계량컵

기본 반죽을 만들거나 착색용 파우더를 계량할 때 사용해요. 계량스푼은 1작은술보다 작은 ½작은술, ⅓작은술 등이 딸린 세트를 사용하고 있습니다.

디지털 저울

그림빵을 만들 때는 정확하게 계량하는 것이 매우 중요합니다. 때문에 0.1g 단위까지 잴 수 있는 디지털 저울을 추천합니다.

{ 반죽할 때 }

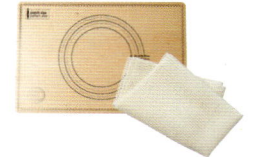

작업판 &미끄럼 방지 시트

일본의 베이킹숍 '쿠오카cuoca'의 오리지널 페이스트리 보드를 사용하고 있습니다. 크기가 큼직하다면 다른 도마라도 상관없어요. 작업판 아래에 미끄럼 방지 시트(패드)를 깔아주세요.

밀가루체

반죽이 질어서 다시 반죽해야 하거나 반죽을 성형하지 못할 때 밀가루를 뿌려줍니다. 파우더 체망 컵에 강력분을 넣어놓으면 쓰고 싶을 때 빨리 쓸 수 있어 좋습니다.

스크래퍼

반죽을 섞고 자르고 떼어내는 등 빵을 만들 때 여러 방면으로 많이 쓰입니다. 저는 100엔 숍이나 다이소 같은 곳에서 구입한 합성수지 재질의 스크래퍼를 쓰고 있습니다.

가스 빼기 면봉

반죽 표면이 미세하게 울퉁불퉁하므로 반죽을 늘이면서 가스 빼기를 할 수 있습니다. 보통 밀대라도 상관없어요.

행주(면포)

반죽 성형 시 반죽이 마르는 것을 방지하기 위해 젖은 행주(면포)를 덮어놓습니다. 볼을 뒤집어 덮어놓아도 괜찮아요.

{ 발효하고 구울 때 }

빵팬&오븐시트

오븐으로 발효하므로 '1차 발효→성형→2차 발효' 과정에서 평철판(빵팬)+오븐시트 위에 반죽을 올려놓습니다.

라운드 몰드(마루식빵 팬)

이 책의 그림빵은 아사이 쇼우텐浅井商店의 '슈퍼 실리콘 가공 맞춤 도요틀'(약 200×108×95㎜)로 구웠습니다. 실리콘 가공이 아니라면 빵을 떼어내기 쉽도록 기름을 발라주세요. 다른 모양이라도 무늬가 있는 틀이라면 대체 가능합니다.(70쪽 참고)

오븐

발효 기능도 있다면 더욱 좋습니다. 저는 빵 굽기에 특화된 다기능 오븐을 씁니다.(TOSHIBA ER-PD7000 그랜드 화이트/오븐)

있으면 편리하다!

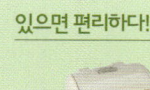

홈 베이커리

시간이 없을 때 반죽을 만들거나 반죽에 색을 입혀야 한다면 홈 베이커리의 힘을 빌려보세요.

{ 식히고 자를 때 }

케이크 쿨러

빵이 잘 구워지면 케이크 쿨러에 세워 놓습니다. 둥근 빵이든 각진 빵이든 상관없습니다. 사진의 쿨러는 불소 가공 제품으로 빵이 잘 들러붙지 않아 사용하기 좋습니다. 저는 카이지루시貝印 제조사의 케이크 쿨러를 사용하고 있습니다.

커팅보드

잘 구워진 빵에 알맞은 사이즈라면, 나무가 아니라 고무 또는 플라스틱 제품을 사용해도 괜찮습니다.

빵칼

스위스의 '웽거Wenger'라는 칼 제조사의 스이보SWIBO라는 칼을 애용하고 있습니다. 잘리는 느낌, 내구성, 칼 손잡이 위치, 모두 만족스러워요!

{ 기본 재료 }

그림빵의 기본 반죽을 만드는 재료입니다.
시중에 판매되는 것이라면 무엇이든 상관없어요.

강력분

밀가루 중 글루텐이 가장 많이 함유되어 탄력이 있습니다. 빵 반죽에 가장 적합해요.

박력분

글루텐 함유량이 조금 적은 편입니다. 박력분을 넣으면 폭신폭신한 가벼운 식감이 돼요.

사탕수수 원당(비정제 설탕)

사탕수수의 풍미와 미네랄로 독특한 감칠맛과 순한 단맛이 나는 갈색 설탕입니다.

드라이이스트

빵 반죽이 부푸는 것은 발효할 때 이스트균에서 탄소 가스가 나오기 때문입니다.

소금

소금은 맛을 냄과 동시에 반죽에 탄력을 더하고, 잡균의 증식을 막아주죠.

탈지분유

없으면 넣지 않아도 괜찮아요.

무염버터

상온에 두어 부드러운 상태가 되었을 때 사용합니다.

달걀

상온에 두고 보관하세요.

미온수

약 35도, 손가락을 대봐서 미지근하다고 느껴지는 정도면 괜찮습니다.

How to Make a Basic Bread
그림빵 기본 반죽 만들기

이 책의 그림빵은 반죽을 만들고 착색하고 발효하는 과정이 대부분 똑같습니다.
기본만 잘 알아두면, 누구나 그림빵을 만들 수 있어요.

{ 그림빵 만드는 순서 }

\ Let's Try! /

반죽 만들기
(12~13쪽)

⬇

색 입히기
(14쪽)

⬇

1차 발효~가스 빼기
(15쪽)

⬇

성형하기
(15~16쪽)

⬇

2차 발효
(17쪽)

⬇

굽기
(17쪽)

⬇

식히기
(17쪽)

⬇

자르기
(17쪽)

Start!
반죽 만들기

이 책의 모든 그림빵은 같은 분량으로 만듭니다.

[**재료**] (약 200×108×95㎜ 도요틀 1개분)

강력분……200g
박력분……50g
사탕수수 원당……2큰술
드라이이스트……1작은술
소금……⅔작은술
탈지분유……10g

A
┌ 달걀……1개
│ 미온수……90~100g
└ (달걀 포함 150g)

무염버터……25g

* 미온수는 약 35도.(손가락을 댔을 때 미지근한 정도)
* 버터는 상온에 둔다.

1 계량한다

디지털 계량기에 볼을 올려 0으로 맞춘다. A와 버터 외의 재료를 계량하면서 넣는다.

Point
홈 베이커리로 반죽이 가능!

홈 베이커리의 '빵 반죽 코스'(기종에 따라서 '반죽하기' 코스)를 사용하면 기본 반죽을 손쉽게 만들 수 있다.

2 재료를 섞는다

한데 섞은 **A**를 넣고(**a**) 스크래퍼로 자르듯이 섞는다.(**b**) 잘린 면에 가루를 섞으면서 잘린 반죽들을 한 덩어리로 합친다.(**c**)

a

b

c

Point

오른손으로 반죽(d)을 왼쪽 대각선 위로 밀어서 늘인다.→힘을 빼고 원래 자리로 되돌리면 반죽이 같이 달라붙어 원통 모양이 된다.(e) 이어서 왼손으로 반죽을 오른쪽 대각선 위로 밀어서 늘인다.(f)→힘을 빼고 원래 자리로 되돌린다. 이런 식으로 좌우 번갈아가며 반죽한다.

d　　　e　　　f

3 반죽한다

반죽을 볼에서 꺼내 작업판에 놓는다. 손바닥 아랫부분에 체중을 실어 깊숙이 밀듯이 반죽한다.

4 확인한다

반죽에 밀가루가 없어질 때까지 5~6분간 반죽한다. 손가락이 살짝 비칠 만큼 반죽을 늘였을 때 찢어지지 않으면, 다 된 것이다.

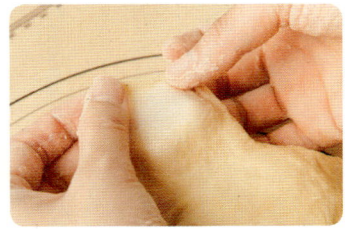

5 버터를 바른다

반죽을 지름 20㎝ 정도로 동그랗게 늘인 후, 무염 버터를 빈틈없이 바른다.

6 버터를 바른 반죽을 치댄다

반죽을 돌돌 말아(g) 마치 손빨래 하듯, 왼손으로 반죽의 아랫부분을 잡고 오른손 손바닥에 체중을 실어 반죽한다.(h) 반죽이 손에 들러붙는 느낌이 나지 않을 때까지 이 작업을 계속한다.

g

h

7 반죽한다

다시 5~6분간 반죽을 치댄다.(i) 손가락이 살짝 비칠 만큼 반죽을 얇게 늘였을 때 찢어지지 않으면 다 된 것.(j)

i

j

8 반죽을 공처럼 둥글게 굴린다

반죽을 원을 그리며 굴린 후(k) 아래쪽에 있는 이음매를 손가락으로 꼬집어 반죽을 이어준다.(l)

k

l

9 기본 반죽 완성!

＼ Bread Dough ! ／

Coloring
색 입히기

이 책에서는 인공 착색료가 아닌, 몸에 좋은 자연 재료로 색을 입힙니다.
뜨거운 물의 양은 파우더 양에 따라 조절하면 됩니다.

다음 재료로 색을 입힙니다

빨간색(비트 파우더)

노란색(호박 파우더)

녹색(시금치 파우더)

분홍색(자색 고구마 파우더)

짙은 갈색, 갈색(코코아 파우더)

검은색, 회색
(블랙 코코아 파우더)

Point 착색도
홈 베이커리로 o.k!

홈 베이커리에 색을 칠할 반죽과
뜨거운 물에 갠 파우더를 넣고, 반
죽 기능으로 골고루 섞는다.

---

1 파우더에 뜨거운 물을 아주 조금
넣는다. *색의 농도를 보며 물을
조금씩 넣는 것이 포인트.

2 스푼으로 젓는다.

3 완전한 페이스트 상태가 아니라,
파우더가 조금 뭉쳐 있거나 퍼석
퍼석한 정도면 좋다.

4 만들어 놓은 반죽에 색소를 올리
고 펴 바른다.

---

5 반죽의 앞쪽을 말아서(**a**) 왼손으
로 반죽의 아랫부분을 잡고 오른
손 손바닥에 체중을 실어 반죽한
다.(**b**)

a

b

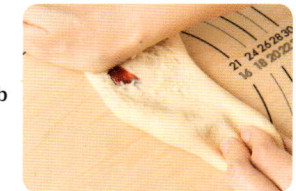

6 반죽이 질면 강력분을 조금씩 섞
어가며 농도를 맞춘다.

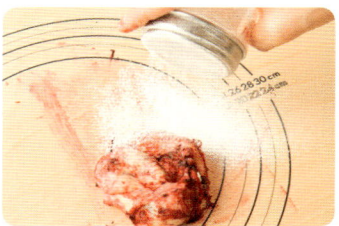

7 반죽이 손에 달라붙지 않고, 반
죽에 색이 골고루 섞이면 반죽을
공처럼 둥글게 굴린다.(**c**) 아래쪽
에 있는 이음매를 손가락으로 꼬
집어 반죽을 이어준다.(**d**)

c

d

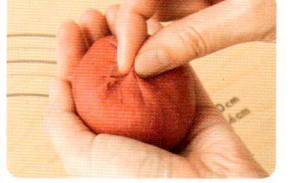

First Fermentation
1차 발효~가스 빼기

빵을 만들 때 반드시 해야 해요.
확실히 알아둡시다.

1 1차 발효

색을 입힌 반죽을 오븐시트를 깐 빵팬 위에 놓는다.(**a**) 30도의 오븐에서 발효 기능을 사용하여 40분 정도 발효한다.(**b**)

a

b

2 가스 빼기

반죽을 뒤집고 손으로 눌러 반죽 안의 가스를 뺀다.

3 반죽 둥글리기

반죽을 원을 그리며 굴린다.(**c**) 아래쪽에 있는 이음매를 손가락으로 꼬집어 반죽을 이어준다.(**d**)

c

d

Formation
성형하기 #01

그림빵을 만들 때
자주 하게 될 작업입니다.

계량

반죽을 스크래퍼로 조금씩 나눠가며(**a**) 디지털 저울로 계량한다.(**b**) 빵이나 과자를 만들 때는 정확히 계량하는 것이 매우 중요하다. 조금이라도 오차가 있으면 실패할 수 있다.

a

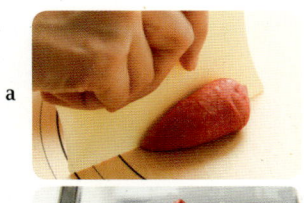

b

기다랗게 늘인다

이 책에서 가장 많이 나오는 것이 '15㎝만큼 기다랗게 늘이는' 작업이다. 20㎝로 부풀 것을 생각하면 15㎝ 정도가 가장 좋다. 뭉쳐진 반죽을 손가락 끝으로 눌러서 늘인다. 처음에는 양 검지를 쓰다가(**a**) 반죽이 길어지면 검지, 중지, 약지로 반죽을 다듬는다.(**b**, **c**)

a

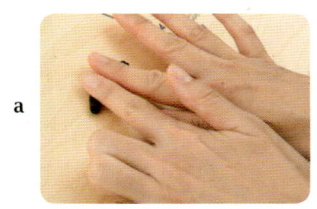

b

c

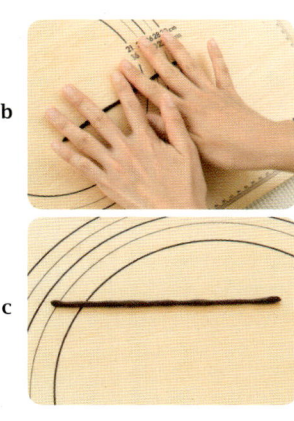

그림빵을 만들 때
자주 하게 될 작업입니다.

평평하게 늘인다

반죽을 15cm 길이로 늘이고 밀대로 평평하게 미는 작업도 자주 등장한다.(a) 눈이나 코 부분을 감싸야 하거나(b) 반죽에 붙여 하트나 기차 모양 등 제대로 모양을 내야 할 때 이 작업이 필요하다.(c) 용도에 따라 반죽의 크기나 두께가 달라진다.

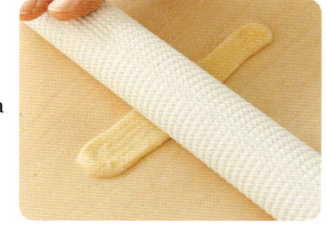
a

b

c

> ## Point
> 스크래퍼를 사용하면 작업판에 붙어 있는 반죽을 깔끔하게 떼어내 옮길 수 있다.

네모나게 늘인다

조립한 모양 반죽을 감싸는 반죽은 예쁜 네모 모양으로 만들면 좋다.

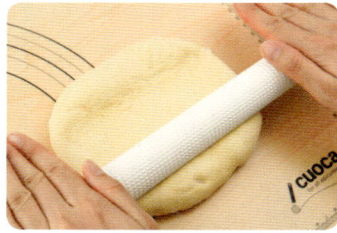

반죽 한가운데를 밀대로 늘인다. 양끝을 약간 남겨 놓는다.

a

b

반죽을 180도 돌려(a) 밀대로 늘인다.(b)

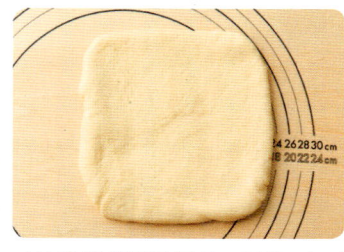

다시 한 번 반죽을 돌리고 밀대로 늘여 예쁜 네모 모양을 만든다.

모양 반죽을 감싼다

그림빵은 모두 마지막에 이 과정을 거친다.

네모나게 늘인 반죽 한가운데에 조립한 모양 반죽을 놓는다.

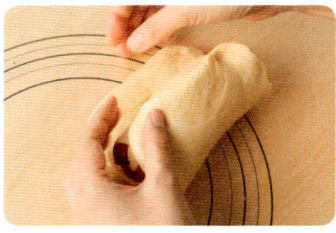

밑에 있는 반죽을 앞에서부터 들어 올린다.

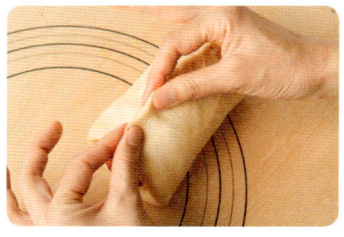

양쪽에 닿는 반죽 부분을 겹쳐 이음매를 꼬집듯 누른다.

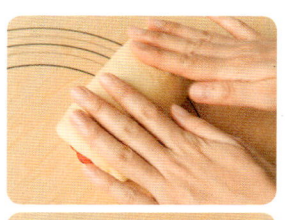

이음매가 아래쪽으로 오게끔 놓은 뒤 가볍게 굴려 이음매를 감춘다.

Second Fermentation
2차 발효

마무리 발효라고도 불리는 과정으로,
틀의 70% 정도까지 반죽을 부풀립니다.

1 **틀에 넣는다**

성형이 끝나면 틀 한가운데에 이음매를 아래로 하여 놓는다.

2 **발효한다**

40도 오븐 발효 기능으로 반죽을 20분 정도 발효한다.

반죽은 틀의 70% 정도 부푸는 것을 기준으로 합니다.

Bake
굽기

2차 발효가 끝나면 드디어 빵을 굽습니다.
귀여운 그림빵이 완성에 가까워지고 있어요!

1 **오븐에 굽는다**

180도로 예열한 오븐에 30분간 빵을 굽는다.(구운 지 15분이 됐을 때 틀을 뒤집는다.)

2 **꺼낸다**

빵이 구워졌으면 바로 오븐에서 꺼낸다. 틀의 옆면을 탁탁 쳐서 빵 안의 수증기를 빼준다.

3 **식힌다**

틀에서 빵을 꺼내 케이크 쿨러 위에 세워서 식힌다.

Cut
자르기

어떤 빵이 완성되었을까요?
잘라보기 전까지 모르는 게 그림빵의 묘미!

빵을 충분히 식힌 후에 빵칼로 자른다. 천천히 톱질하듯 칼을 움직여 썰어낸다.

Finish

How to Use the Book
이 책의 사용법

이 책에서는 사진을 많이 수록하여 빵 만드는 과정을 가능한 친절하고 알기 쉽게 소개했습니다.
만들기 전에 한번 대강 훑어보세요.

난이도를 별 3개로 표현했습니다. 별이 많을수록 어렵습니다. 물론 좋아하는 그림빵부터 만들어도 괜찮습니다.

성형하기 전에 반죽을 세밀히 계량하고 나눕니다.

빵의 단면을 상상하면서 반죽을 어떻게 넣을지 정합니다. 작거나 제대로 만들어야 하는 모양은 주위를 보강하며 작업합니다.

성형이 끝나면 틀에 이음매를 아래로 하여 반죽을 놓습니다.

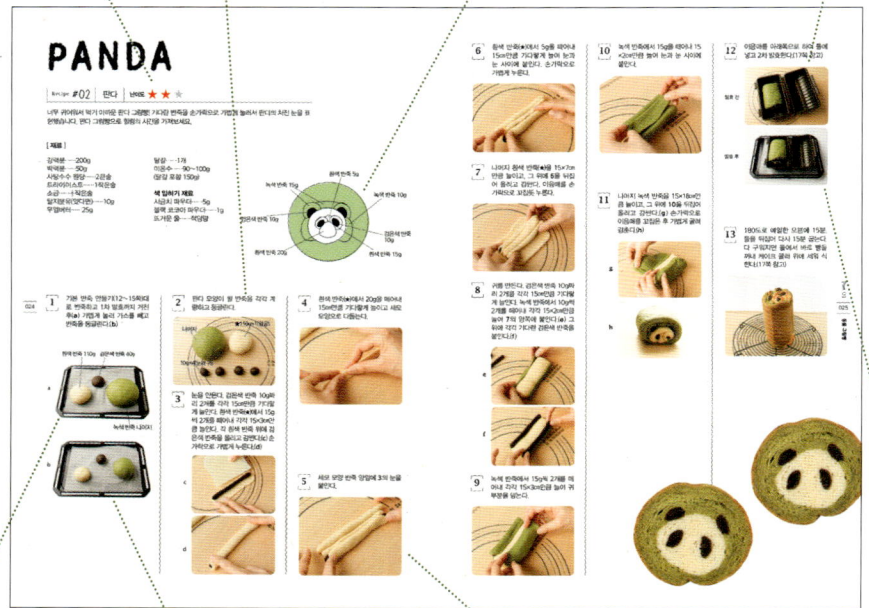

1차 발효 후의 반죽 상태입니다. 발효 상태를 기준으로 하세요.

그림빵은 '기본 반죽 만들기'(12쪽)대로 반죽을 만들고 색을 입힌 후 1차 발효를 거칩니다.

성형 과정에서 모르는 것이 있다면 '성형하기'(15~16쪽)를 봐주세요.

반죽이 틀에 70% 정도 찰 때까지 2차 발효를 합니다. 반죽의 발효 상태를 기준으로 하세요.

* 계량 단위는 1컵=200㎖, 1큰술=15㎖, 1작은술=5㎖입니다.
* 사탕수수 원당(비정제 설탕), 소금, 58~64 g 정도의 중란에서 특란 크기의 달걀, 무염버터를 사용합니다.
* 미온수는 대략 35도(손가락을 댔을 때 미지근한 정도)입니다.
* 전자레인지의 가열 시간은 600W 전자레인지를 기준으로 합니다. 전자레인지나 오븐 제품에 따라 가열 시간을 조절해주세요.
* 전자레인지나 오븐으로 가열할 때는 제품 설명서에 따라 그릇을 선별해 사용해주세요.
* 빵을 꺼낼 때 오븐이나 틀이 매우 뜨거우므로 주의하시기 바랍니다.

동물
그림빵

멍한 표정이 너무도 귀여운 동물 그림빵.
어떤 얼굴이 나올지 기대할 때가
제일 즐겁습니다.

Butterfly
레시피는 30쪽에

RABBIT
레시피는 28쪽에

BEAR
레시피는 22쪽에

PANDA
레시피는 24쪽에

Recipe #01
BEAR

Recipe #02
PANDA

BEAR

자른 빵마다 표정이 미묘하게 다른 곰 그림빵! 보는 순간 심장이 쿵 하고 내려앉을 거예요. 색깔 반죽을
바꾸면 하얀 곰도 만들 수 있답니다.

[재료]

강력분……200g
박력분……50g
사탕수수 원당……2큰술
드라이이스트……1작은술
소금……⅔작은술
탈지분유(있다면)……10g
무염버터……25g

달걀……1개
미온수……90~100g
(달걀 포함 150g)

색 입히기 재료
코코아 파우더……2.5g
블랙 코코아 파우더……아주 조금
뜨거운 물……적당량

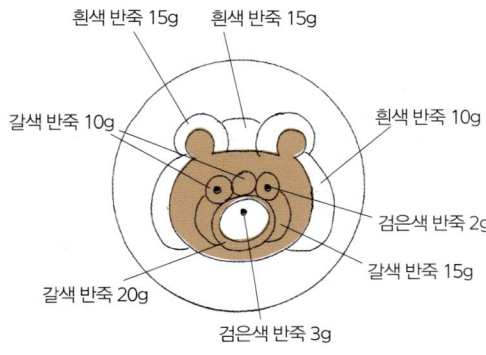

흰색 반죽 15g
흰색 반죽 15g
흰색 반죽 10g
갈색 반죽 10g
검은색 반죽 2g
갈색 반죽 15g
갈색 반죽 20g
검은색 반죽 3g

1 기본 반죽 만들기(12~15쪽)대로 반죽하고 1차 발효까지 거친 후(**a**) 가볍게 눌러 가스를 빼고 반죽을 둥글린다.(**b**)

흰색 반죽 나머지
갈색 반죽 130g
a
검은색 반죽 7g
b

2 곰 모양이 될 반죽을 각각 계량하고 둥글린다.

나머지
15g×1(코 주변)
★110g×1(얼굴)
10g×2(귀)
2g×2(눈)
3g×1(코)

3 눈을 만든다. 검은색 반죽 2g짜리 2개를 각각 15cm만큼 기다랗게 늘인다. 갈색 반죽(★)에서 10g씩 2개를 떼어내 각각 15×3cm만큼 늘인다. 각 갈색 반죽 위에 검은색 반죽을 올리고 감싼다. 밑 반죽을 들어 올려 감싸고, 이음매를 손가락으로 꼬집듯 누른 후 가볍게 굴려 감춘다.

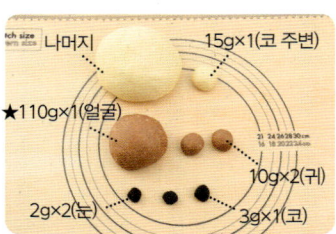

4 코를 만든다. 검은색 반죽 3g을 15cm만큼 기다랗게 늘인다. 흰색 반죽 15g을 15×3cm만큼 늘여 검은색 반죽을 감싼다.(**c**) 밑 반죽을 들어 올려 감싸고, 손가락으로 이음매를 꼬집듯 누른 후 가볍게 굴려 감춘다. 갈색 반죽(★)에서 20g을 떼어내 15×3cm만큼 늘여 검은색 반죽이 든 흰색 반죽을 감싼다.(**d**) 밑 반죽을 들어 올려 감싸고, 손가락으로 이음매를 꼬집은 후 가볍게 굴려 감춘다.

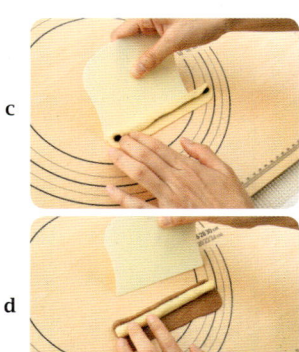

c

d

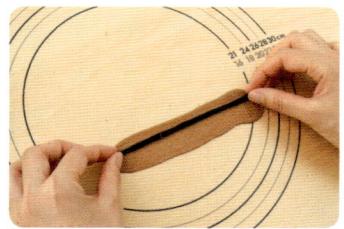

5 갈색 반죽(★)에서 15g씩 2개를 떼어내 각각 15㎝만큼 기다랗게 늘인다. 4의 코 양옆에 붙인다.

6 5 위에 3의 눈을 붙인다.(e) 갈색 반죽 10g을 15㎝만큼 기다랗게 늘여 눈과 눈 사이에 붙이고 손가락으로 가볍게 누른다.(f)

e

f

7 나머지 갈색 반죽(★)을 15×7㎝만큼 늘여 6을 올리고 감싼다. 손가락으로 이음매를 꼬집은 후 가볍게 굴려 감춘다.

8 흰색 반죽에서 10g씩 2개를 떼어내 각각 15×2㎝만큼 늘인다. 7의 얼굴 양쪽에 붙인다.

9 귀를 만든다. 갈색 반죽 10g짜리 2개를 각각 15㎝만큼 기다랗게 늘인다. 얼굴 양쪽에 붙인 흰색 반죽 위에 올린다.

10 흰색 반죽에서 15g씩 2개를 떼어내 각각 15×2㎝만큼 늘여 9의 귀를 덮는다.(g) 흰색 반죽에서 15g을 떼어내 15㎝만큼 기다랗게 늘여 귀와 귀 사이를 메꾼다.(h)

g

h

11 나머지 흰색 반죽을 15×18㎝만큼 늘이고, 그 위에 10을 뒤집어 올리고 감싼다.(i) 밑 반죽을 들어 올려 감싸고, 손가락으로 이음매를 꼬집은 후 가볍게 굴려 감춘다.(j)

i

j

12 이음매를 아래쪽으로 하여 틀에 넣고 2차 발효한다.(17쪽 참고)

발효 전

발효 후

13 180도로 예열한 오븐에 15분, 틀을 뒤집어 다시 15분 굽는다. 다 구워지면 틀에서 바로 빵을 꺼내 케이크 쿨러 위에 세워 식힌다.(17쪽 참고)

PANDA

Recipe #02 | 판다 | 난이도 ★ ★ ☆

너무 귀여워서 먹기 아까운 판다 그림빵! 기다란 반죽을 손가락으로 가볍게 눌러서 판다의 처진 눈을 표현했습니다. 판다 그림빵으로 힐링의 시간을 가져보세요.

[재료]

강력분……200g
박력분……50g
사탕수수 원당……2큰술
드라이이스트……1작은술
소금……⅔작은술
탈지분유(있다면)……10g
무염버터……25g

달걀……1개
미온수……90~100g
(달걀 포함 150g)

색 입히기 재료
시금치 파우더……5g
블랙 코코아 파우더……1g
뜨거운 물……적당량

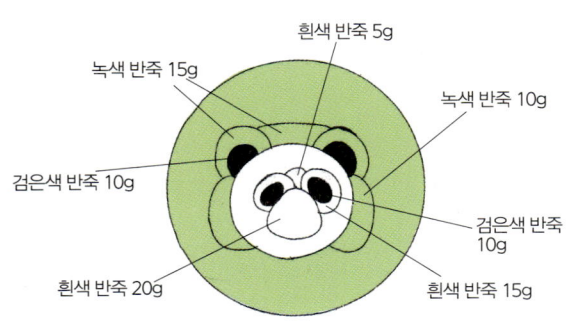

흰색 반죽 5g
녹색 반죽 15g
녹색 반죽 10g
검은색 반죽 10g
검은색 반죽 10g
흰색 반죽 20g
흰색 반죽 15g

---

1 기본 반죽 만들기(12~15쪽)대로 반죽하고 1차 발효까지 거친 후(a) 가볍게 눌러 가스를 빼고 반죽을 둥글린다.(b)

흰색 반죽 110g   검은색 반죽 40g

a

녹색 반죽 나머지

b

2 판다 모양이 될 반죽을 각각 계량하고 둥글린다.

나머지   ★110g×1(얼굴)

10g×4(눈과 귀)

3 눈을 만든다. 검은색 반죽 10g짜리 2개를 각각 15㎝만큼 기다랗게 늘인다. 흰색 반죽(★)에서 15g씩 2개를 떼어내 각각 15×3㎝만큼 늘인다. 각 흰색 반죽 위에 검은색 반죽을 올리고 감싼다.(c) 손가락으로 가볍게 누른다.(d)

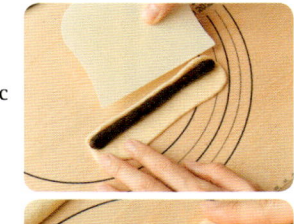

c

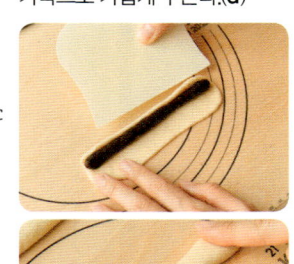

d

4 흰색 반죽(★)에서 20g을 떼어내 15㎝만큼 기다랗게 늘이고 세모 모양으로 다듬는다.

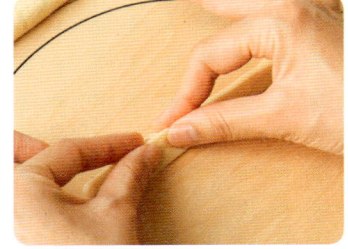

5 세모 모양 반죽 양옆에 **3**의 눈을 붙인다.

6 흰색 반죽(★)에서 5g을 떼어내 15㎝만큼 기다랗게 늘여 눈과 눈 사이에 붙인다. 손가락으로 가볍게 누른다.

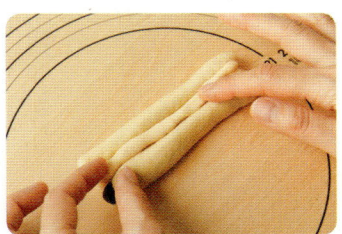

7 나머지 흰색 반죽(★)을 15×7㎝ 만큼 늘이고, 그 위에 **6**을 뒤집어 올리고 감싼다. 이음매를 손가락으로 꼬집듯 누른다.

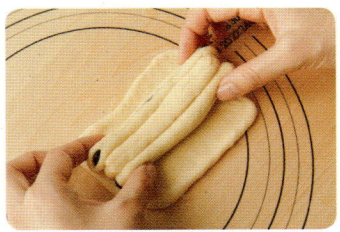

8 귀를 만든다. 검은색 반죽 10g짜리 2개를 각각 15㎝만큼 기다랗게 늘인다. 녹색 반죽에서 10g씩 2개를 떼어내 각각 15×2㎝만큼 늘여 **7**의 양쪽에 붙인다.(**e**) 그 위에 각각 기다란 검은색 반죽을 붙인다.(**f**)

e

f

9 녹색 반죽에서 15g씩 2개를 떼어내 각각 15×3㎝만큼 늘여 귀 부분을 덮는다.

10 녹색 반죽에서 15g을 떼어내 15×2㎝만큼 늘여 눈과 눈 사이에 붙인다.

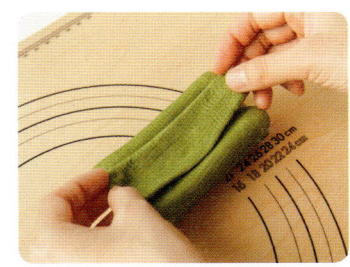

11 나머지 녹색 반죽을 15×18㎝만큼 늘이고, 그 위에 **10**을 뒤집어 올리고 감싼다.(**g**) 손가락으로 이음매를 꼬집은 후 가볍게 굴려 감춘다.(**h**)

g

h

12 이음매를 아래쪽으로 하여 틀에 넣고 2차 발효한다.(17쪽 참고)

발효 전

발효 후

13 180도로 예열한 오븐에 15분, 틀을 뒤집어 다시 15분 굽는다. 다 구워지면 틀에서 바로 빵을 꺼내 케이크 쿨러 위에 세워 식힌다.(17쪽 참고)

Recipe #03
RABBIT

Recipe #04

Butterfly

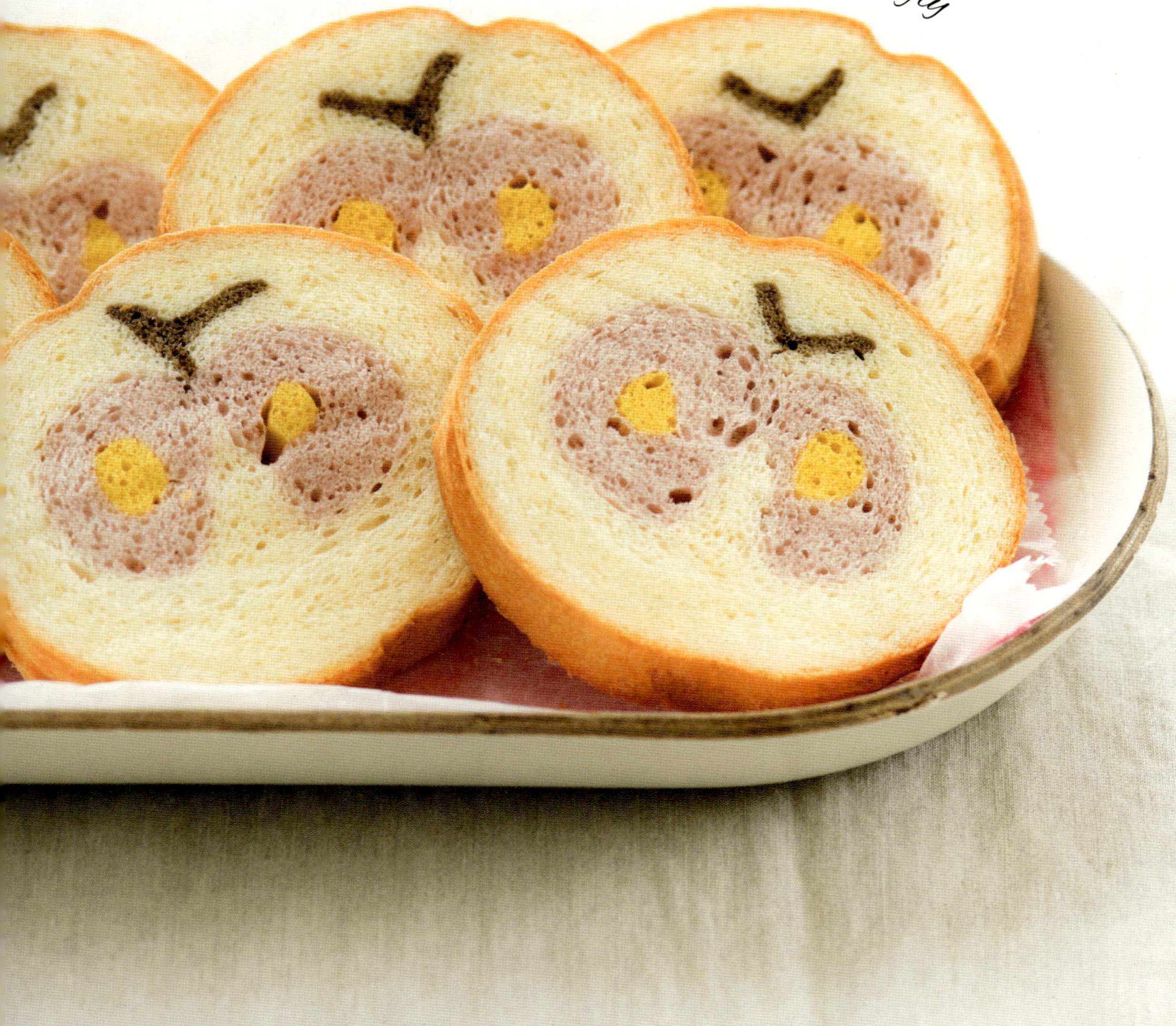

RABBIT

| Recipe #03 | 토끼 | 난이도 ★ ★ ★ |

위로 올라간 입꼬리가 인상적인 '스마일' 토끼. 빙그레 웃는 표정이 너무 귀엽습니다.

[재료]

강력분……200g
박력분……50g
사탕수수 원당……2큰술
드라이이스트……1작은술
소금……⅔작은술
탈지분유(있다면)……10g
무염버터……25g

계란……1개
미온수……90~100g
(계란 포함 150g)

색 입히기 재료
코코아 파우더……3g
자색 고구마 파우더……1g
블랙 코코아 파우더……아주 조금
뜨거운 물……적당량

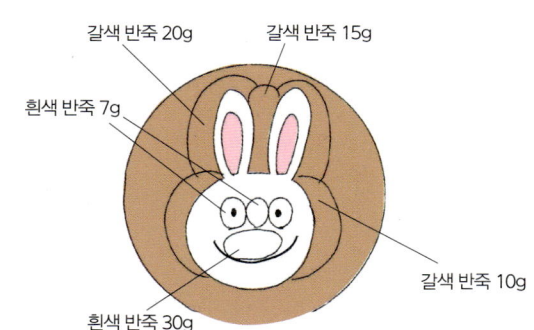

갈색 반죽 20g
갈색 반죽 15g
흰색 반죽 7g
흰색 반죽 30g
갈색 반죽 10g

| 1 | 기본 반죽 만들기(12~15쪽)대로 반죽하고 1차 발효까지 거친 후(a) 가볍게 눌러 가스를 빼고 반죽을 둥글린다.(b) |

흰색 반죽 140g   분홍색 반죽 20g

a

검은색 반죽 11g   갈색 반죽 나머지

b

| 2 | 토끼 모양이 될 반죽을 각각 계량하고 둥글린다. |

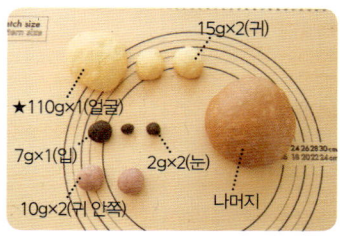

15g×2(귀)
★110g×1(얼굴)
7g×1(입)
2g×2(눈)
10g×2(귀 안쪽)
나머지

| 3 | 눈을 만든다. 검은색 반죽 2g짜리 2개를 각각 15㎝만큼 기다랗게 늘인다. 흰색 반죽(★)에서 7g씩 2개를 떼어내 각각 15×1.5㎝만큼 늘여 기다란 검은색 반죽을 감싼다. |

| 4 | 입을 만든다. 흰색 반죽(★)에서 30g을 떼어내 15㎝만큼 기다랗게 늘인다. 검은색 반죽 7g은 15×2㎝만큼 늘이고 그 위에 기다란 흰색 반죽을 붙인다. |

| 5 | 귀를 만든다. 분홍색 반죽 10g짜리 2개를 각각 15㎝만큼 기다랗게 늘인다. 흰색 반죽 15g짜리 2개는 각각 15×3㎝만큼 늘이고, 그 위에 분홍색 반죽을 올린다.(c) 반으로 자르고 흰색 반죽을 손가락으로 가볍게 감싸 토끼 귀를 만든다.(d) |

c

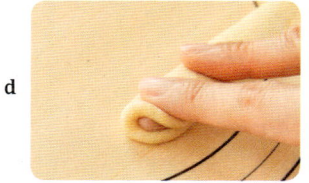

d

| 6 | 흰색 반죽(★)에서 7g을 떼어내 15㎝만큼 기다랗게 늘이고, 4의 가운데에 올린다. |

7 6에서 올린 흰색 반죽 양옆에 **3**에서 만든 눈을 놓는다.

8 나머지 흰색 반죽(★)을 15×7cm만큼 늘이고, 그 위에 **7**을 올리고 감싼다.(e) 밑 반죽을 들어 올려 감싸고, 이음매를 손가락으로 꼬집듯 누른 후(f) 가볍게 굴려 감춘다.(g)

e

f

g

9 갈색 반죽에서 10g씩 2개를 떼어내 각각 15×1cm만큼 늘여 **8**의 양옆에 붙인다.

10 갈색 반죽에서 15g을 떼어내 15cm만큼 기다랗게 늘이고 손가락으로 가볍게 눌러 **9**의 가운데에 놓는다.(h) 그 양옆에 **5**의 귀를 이음매가 아래로 가도록 놓는다.(i)

h

i

11 갈색 반죽에서 20g씩 2개를 떼어내 각각 15×3cm만큼 늘이고, 양쪽 귀 테두리를 감싼다.(j, k)

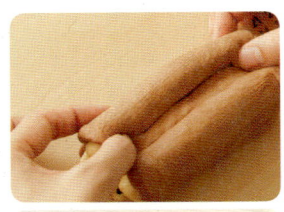

j

k

12 나머지 갈색 반죽을 15×18cm만큼 늘이고, 그 위에 **11**을 뒤집어 올리고 감싼다.(l) 밑 반죽을 들어 올려 감싸고, 손가락으로 이음매를 꼬집은 후 가볍게 굴려 감춘다.(m)

l

m

13 이음매를 아래쪽으로 하여 틀에 넣고 2차 발효한다.(17쪽 참고)

발효 전

발효 후

14 180도로 예열한 오븐에 15분, 틀을 뒤집어 다시 15분 굽는다. 다 구워지면 틀에서 바로 빵을 꺼내 케이크 쿨러 위에 세워 식힌다.(17쪽 참고)

Butterfly

| Recipe #04 | 나비 | 난이도 ★★☆ |

자색 고구마 파우더로 따뜻한 색을 낼 수 있습니다. 나비 날개가 장수풍뎅이 같다는 말을 듣긴 했지만, 이것도 이 빵의 멋이 아닐까요.

[재료]

강력분……200g
박력분……50g
사탕수수 원당……2큰술
드라이이스트……1작은술
소금……2/3작은술
탈지분유(있다면)……10g
무염버터……25g

달걀……1개
미온수……90~100g
(달걀 포함 150g)

색 입히기 재료
자색 고구마 파우더……3g
호박 파우더……1g
블랙 코코아 파우더……아주 조금
뜨거운 물……적당량

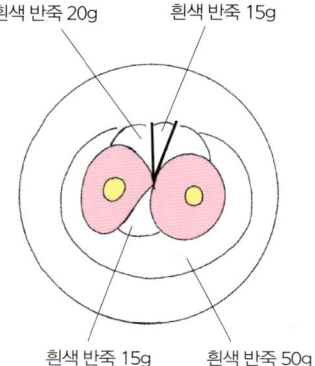

흰색 반죽 20g
흰색 반죽 15g
흰색 반죽 15g
흰색 반죽 50g

---

1 기본 반죽 만들기(12~15쪽)대로 반죽하고 1차 발효까지 거친 후(**a**) 가볍게 눌러 가스를 빼고 반죽을 둥글린다.(**b**)

분홍색 반죽 70g
노란색 반죽 10g
흰색 반죽 나머지

a

검은색 반죽 8g

b

2 나비 모양이 될 반죽을 각각 계량하고 둥글린다.

8g×1(더듬이)
5g×2(날개 가운데)
나머지
35g×2(날개)

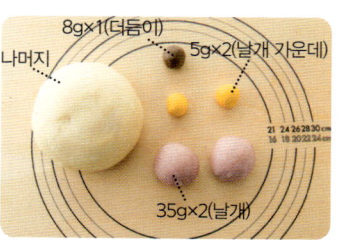

3 날개를 만든다. 노란색 반죽 5g 짜리 2개를 각각 15cm만큼 기다랗게 늘인다. 분홍색 반죽 35g짜리 2개를 각각 15×3cm만큼 늘여 노란색 반죽을 감싼다. 손가락으로 이음매를 꼬집은 후 가볍게 굴려 감춘다.

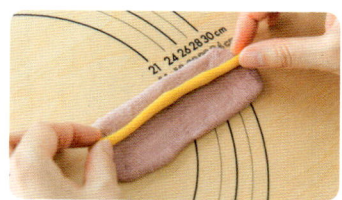

4 더듬이를 만든다. 검은색 반죽을 15×3cm만큼 얇게 늘인다. 흰색 반죽에서 40g을 떼어내 15cm만큼 기다랗게 늘이고 검은색 반죽 위에 포갠다.(**c**) 밀대로 밀어 이음매를 숨긴다.(**d**)

c

d

5 스크래퍼로 **4**를 길게 반으로 자르고(**e**) 뒤집는다. 흰색 반죽에서 15g을 떼어내 15㎝만큼 기다랗게 늘여 검은색 반죽 사이에 끼운다.(**f**) 검은색 반죽이 직각이 되도록 다듬는다.(**g**)

e

f

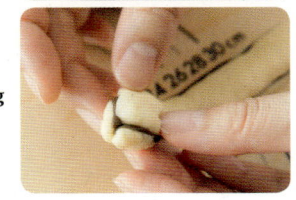
g

6 흰색 반죽에서 15g을 떼어내 15㎝만큼 기다랗게 늘이고, 손가락으로 세모 모양을 만든다.(**h**) 삼각형 두 변에 각각 **3**을 붙인다.(**i**) 그 위에 **5**를 붙인다.(**j**)

h

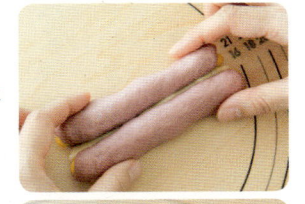
i

j

7 흰색 반죽에서 50g을 떼어내 15×10㎝만큼 늘이고, 그 위에 **6**을 올린다. 밑에 깔린 흰색 반죽으로 **6**을 감싼다.(**k**) 검은색 반죽을 포갠 흰색 반죽과 잇는다.(**l**)

k

l

8 나머지 흰색 반죽을 15×18㎝만큼 늘이고, 그 위에 **7**을 뒤집어 올리고 감싼다. 손가락으로 이음매를 꼬집은 후 가볍게 굴려 감춘다.

9 이음매를 아래쪽으로 하여 틀에 넣고 2차 발효한다.(17쪽 참고)

발효 전

발효 후

10 180도로 예열한 오븐에 15분, 틀을 뒤집어 다시 15분 굽는다. 다 구워지면 틀에서 바로 빵을 꺼내 케이크 쿨러 위에 세워 식힌다.(17쪽 참고)

{ Ran's TALK }

저의 레시피 노트입니다.
완성된 빵을 상상하며 밑그림
을 그리고, 반죽을 어떻게 나
누고 배치할지 생각합니다.

감사하게도 많은 분들이 인스타그램에 '그림빵 만드는 법을 알려주세요!'라는 댓글을 많이 달아주셨습니다. 제 경우, 생각나는 대로 만들다 보면 의외로 귀여운 빵이 만들어져서 그림빵의 매력에 흠뻑 빠지게 되었죠. 이 즐거움을 한 명이라도 더 많은 사람과 공유했으면 하는 바람으로 책을 쓰게 되었습니다.

하지만 지금까지 그림빵을 만들어보지 않은 사람도 만들 수 있도록 레시피를 1g 단위로 바꾸는 작업은 생각보다 쉽지 않았어요! 반죽 양을 바꿔보며 몇 번이고 실험을 거듭했죠. 분량이 까다로워서 여러분께 어렵게 느껴질 수도 있겠다는 걱정이 들지만, 우선 처음에는 레시피대로 만들어보기 바랍니다.

레시피대로 만들어도 날씨나 모양 반죽을 어떻게 배치했느냐에 따라 완성된 빵이 상상한 것과 다를 수도 있습니다. 하지만 그것이 바로 그림빵 만들기의 즐거움이죠! 찰흙 놀이와 같은 재미, 자르기 전엔 어떤 모양일지 모르는 설렘, 잘랐을 때의 감동이 있죠.

그림빵에 '실패작'이란 없습니다. 세상에서 하나밖에 없는 여러분만의 그림빵을 만들어보세요.

WATERMELON

레시피는 42쪽에

KIWI
레시피는 46쪽에

Flower Patterns
레시피는 39쪽에

LEMON
레시피는 44쪽에

ROSE
레시피는 36쪽에

poppy
레시피는 34쪽에

Part
02

꽃과 과일
그림빵

여자아이들이 좋아할 만한 그림빵이 가득!
식탁이 환하게 화사해질 그림빵을 소개합니다.

poppy

| Recipe #05 | 양귀비꽃 | 난이도 ★ ★ ☆ |

좋아하는 양귀비꽃을 그림빵으로 만들어보았습니다. 양귀비꽃의 둥근 꽃잎을 표현하기 위해 꽃잎과 꽃
잎 사이를 꽉 채우는 것이 포인트입니다.

[재료]

강력분······200g
박력분······50g
사탕수수 원당······2큰술
드라이이스트······1작은술
소금······⅔작은술
탈지분유(있다면)······10g
무염버터······25g

달걀······1개
미온수······90~100g
(달걀 포함 150g)

색 입히기 재료
비트 파우더······3g
호박 파우더······2g
블랙 코코아 파우더······아주 조금
뜨거운 물······적당량

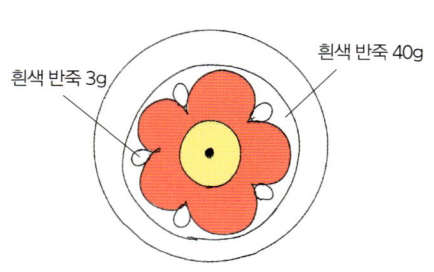

1 기본 반죽 만들기(12~15쪽)대로 반죽하고 1차 발효까지 거친 후(a) 가볍게 눌러 가스를 빼고 반죽을 둥글린다.(b)

흰색 반죽 나머지　검은색 반죽 5g　빨간색 반죽 130g

노란색 반죽 20g

2 양귀비꽃 모양이 될 반죽을 각각 계량하고 둥글린다.

30g×3(큰 꽃잎)
20g×2(작은 꽃잎)
20g×1(가운데 둘레)
50g×1(가운데)
나머지

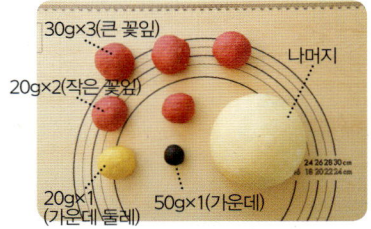

3 검은색 반죽을 15cm만큼 기다랗게 늘인다. 노란색 반죽은 15×3cm만큼 늘이고, 검은색 반죽을 감싼다. 이것이 꽃의 가운데가 된다.

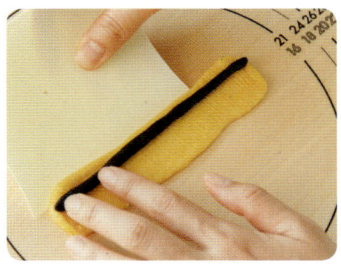

4 빨간색 반죽 30g짜리 3개, 20g짜리 2개는 각각 15cm만큼 기다랗게 늘인다. 흰색 반죽에서 3g씩 5개를 떼어내 15cm만큼 기다랗게 늘인다.

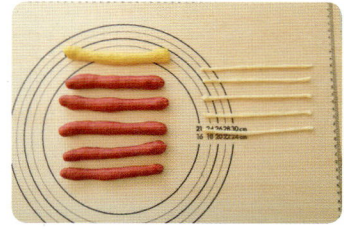

5 3을 에워싸듯이 빨간색 반죽(꽃잎)을 크기를 봐가며 배치한다.

6 빨간색 반죽(꽃잎) 사이사이에 4의 기다란 흰색 반죽을 붙이고, 스크래퍼로 누른다.(c) 꽃잎 모양이 되도록 다듬는다.(d)

c

d

7 흰색 반죽에서 40g을 떼어내 15×15cm만큼 늘이고, 그 위에 6을 올리고 감싼다. 손가락으로 이음매를 꼬집은 후 가볍게 굴려 감춘다.

8 나머지 흰색 반죽을 15×18cm만큼 늘이고, 그 위에 7을 올리고 감싼다.(e) 앞부분을 들어 올리듯 감싸고, 손가락으로 이음매를 꼬집은 후(f) 가볍게 굴려 감춘다.(g)

e
f
g

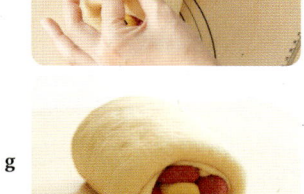

9 이음매를 아래쪽으로 하여 틀에 넣고 2차 발효한다.(17쪽 참고)

발효 전

발효 후

10 180도로 예열한 오븐에 15분, 틀을 뒤집어 다시 15분 굽는다. 다 구워지면 틀에서 바로 빵을 꺼내 케이크 쿨러 위에 세워 식힌다.(17쪽 참고)

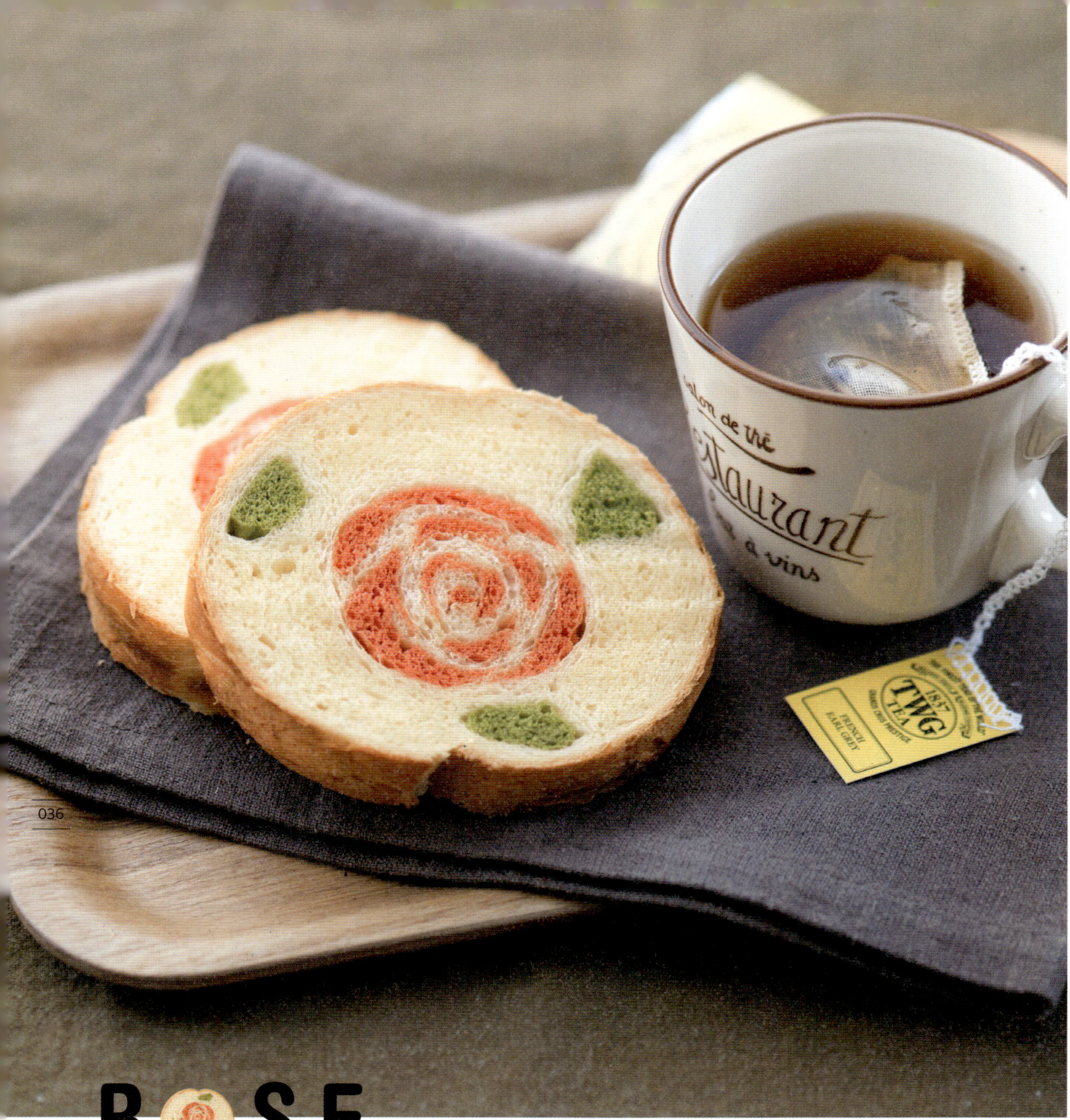

TWG
TEA

ROSE

Recipe #06 | 장미 | 난이도 ★★★

장미 한 송이가 들어간 그림빵으로 세련된 분위기는 물론 존재감도 드러낼 수 있습니다. 작은 꽃 여러 개를 한데 모은 그림빵은 39쪽 어레인지 레시피(작은 꽃무늬)에서 소개합니다.

[재료]

강력분……200g
박력분……50g
사탕수수 원당……2큰술
드라이이스트……1작은술
소금……$\frac{2}{3}$작은술
탈지분유(있다면)……10g
무염버터……25g

달걀……1개
미온수……90~100g
(달걀 포함 150g)

색 입히기 재료
비트 파우더……1.5g
시금치 파우더……0.5g
뜨거운 물……적당량

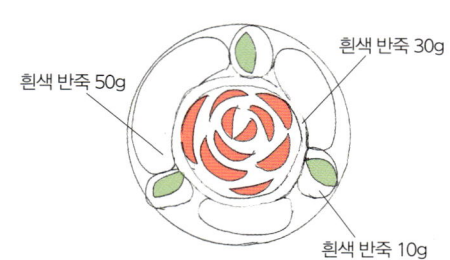

흰색 반죽 30g
흰색 반죽 50g
흰색 반죽 10g

1 기본 반죽 만들기(12~15쪽)대로 반죽하고 1차 발효까지 거친 후(a) 가볍게 눌러 가스를 빼고 반죽을 둥글린다.(b)

흰색 반죽 나머지   녹색 반죽 30g   빨간색 반죽 60g

a

b

2 장미 모양이 될 반죽을 각각 계량하고 둥글린다.

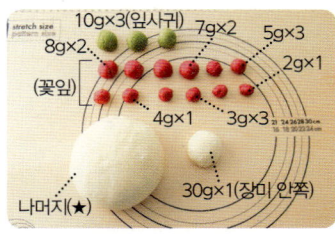

stretch size
pattern size
10g×3(잎사귀)   7g×2   5g×3
8g×2   2g×1
(꽃잎)
4g×1   3g×3
나머지(★)   30g×1(장미 안쪽)

3 흰색 반죽 30g을 15×15㎝ 네모로 늘인다. 빨간색 반죽은 모조리 15㎝만큼 기다랗게 늘인다. 흰색 반죽(★)에서 2g씩 11개를 떼어내 각각 15㎝만큼 기다랗게 늘인다. 네모난 흰색 반죽 위에 기다란 빨간색 반죽을 앞에서부터 나란히 올리고, 그 사이에 기다란 흰색 반죽을 끼우듯이 번갈아가며 올린다.

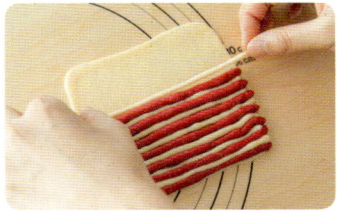

4 3을 밀대로 밀어 17×17㎝ 네모를 만든다.

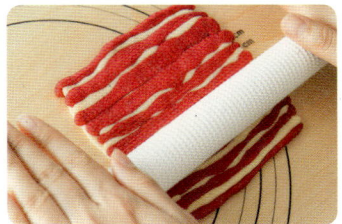

5 빨간색 반죽이 있는 쪽이 위로 오게끔 반죽을 뒤집어 앞쪽부터 반죽을 만다. 손가락으로 이음매를 꼬집은 후 가볍게 굴려 감춘다.

6 흰색 반죽(★)에서 30g을 떼어내 17×15㎝만큼 늘여 5를 감싼다. 손가락으로 이음매를 꼬집은 후 가볍게 굴려 감춘다.

7 녹색 반죽 10g짜리 3개를 각각 17㎝만큼 기다랗게 늘인다. 흰색 반죽(★)에서 10g씩 3개를 떼어내 각각 17×3㎝만큼 늘여 기다란 녹색 반죽을 감싼다. 이음매를 손가락으로 꼬집듯이 눌러 반죽을 이어준다.

8 흰색 반죽(★)에서 50g을 떼어내 17㎝만큼 기다랗게 늘이고, 그 위에 6을 올린다.(c) 7의 이음매가 6에 닿도록 하여 6 양쪽에 7을 붙인다.(d)

c

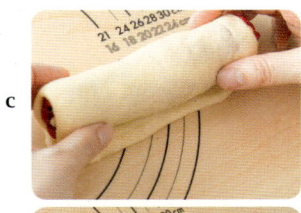

d

9 앞과 같은 모양으로 흰색 반죽(★)에서 50g씩 2개를 떼어내 각각 17㎝만큼 기다랗게 늘인다. 8의 녹색 반죽 위에 기다란 흰색 반죽을 각각 붙인다. 흰색 반죽 사이에 나머지 녹색 반죽을 놓는다.

10 나머지 흰색 반죽(★)을 17×18㎝만큼 늘여 9를 감싼다. 손가락으로 이음매를 꼬집은 후 가볍게 굴려 감춘다.

11 이음매를 아래쪽으로 하여 틀에 넣고 2차 발효한다.(17쪽 참고)

발효 전

발효 후

12 180도로 예열한 오븐에 15분, 틀을 뒤집어 다시 15분 굽는다. 다 구워지면 틀에서 바로 빵을 꺼내 케이크 쿨러 위에 세워 식힌다.(17쪽 참고)

01

Arrange Recipe

[어레인지 레시피]

러스크 만들기

아이들 간식이나 선물용으로, 바삭바삭하고 은은하게 달콤한 러스크는 어떨까요? 러스크는 눅눅해지지 않는다면 2주 정도 보관할 수 있기 때문에 그림빵이 남았을 때 만들어두면 좋습니다.

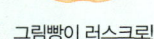

그림빵이 러스크로!

[재료]

(7㎜ 두께로 자른) 그림빵……8장
버터……45g
그래뉴당……25g

1 전자레인지(600W)에 버터를 30~40초 정도 돌려서 녹인다. 그래뉴당을 넣고 섞어둔다.

2 오븐시트를 깔은 빵팬에 그림빵을 올리고 160도로 예열한 오븐에 10분간 굽는다.

3 빵을 뒤집어 8분간 굽는다.

4 3 위에 버터나이프로 1을 바른다.

5 160도의 오븐에 다시 한 번 2분간 굽는다.

02
Arrange Recipe
[어레인지 레시피]

작은 꽃무늬

장미 한 송이도 꽤 근사하지만, 작은 꽃들을 한데 모아도 귀엽고 사랑스럽습니다. 꽃잎 수나 색에 따라 분위기가 달라지니 좋아하는 무늬로 만들어보세요!

02
Arrange Recipe
[어레인지 레시피]

Flower Patterns

Recipe #07	작은 꽃무늬	난이도 ★ ★ ★

작은 장미들을 합치면 작은 꽃무늬가 됩니다. 만드는 과정 자체는 그다지 복잡하지 않지만, 아무래도 세밀한 작업이 필요해서 꽤 어려운 편입니다. 어렵지만 만들고 나면 도전한 보람을 느낄 거예요.

[재료]

강력분……200g
박력분……50g
사탕수수 원당……2큰술
드라이이스트……1작은술
소금……⅔작은술
탈지분유(있다면)……10g
무염버터……25g

달걀……1개
미온수……90~100g
(달걀 포함 150g)

색 입히기 재료
비트 파우더……3g
시금치 파우더……0.5g
뜨거운 물……적당량

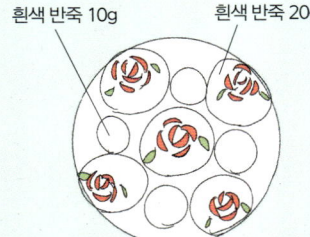

흰색 반죽 10g
흰색 반죽 20g

---

1 기본 반죽 만들기(12~15쪽)대로 반죽하고 1차 발효까지 거친 후(a) 가볍게 눌러 가스를 빼고 반죽을 둥글린다.(b)

a

흰색 반죽 나머지
빨간색 반죽 100g
녹색 반죽 30g

b

2 꽃무늬 모양이 될 반죽을 각각 계량하고 둥글린다.

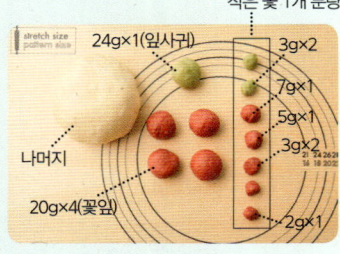

stretch size
pattern size
24g×1(잎사귀)
나머지
20g×4(꽃잎)

작은 꽃 1개 분량
3g×2
7g×1
5g×1
3g×2
2g×1

3 작은 꽃 1개 분량의 반죽을 모두 15cm만큼 기다랗게 늘인다.

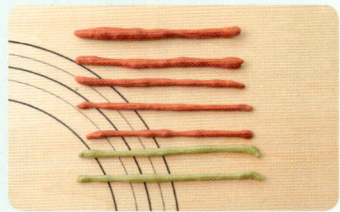

4 흰색 반죽에서 20g을 떼어내 15×7cm만큼 늘인다. 그 위에 **3**의 빨간색 반죽 5개를 앞쪽부터 가는 것부터 두꺼운 것 순으로 고르게 놓는다.

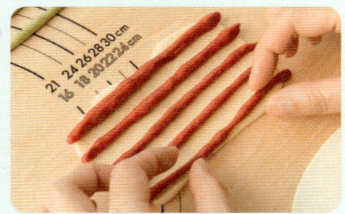

5 흰색 반죽에서 2g씩 4개를 떼어내 각각 15cm만큼 기다랗게 늘인다. 빨간색 반죽 사이사이에 흰색 반죽을 놓는다.

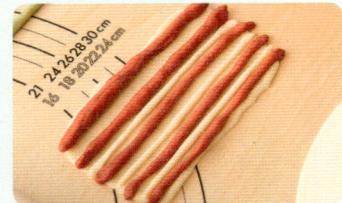

6 밀대로 밀어 빨간색 반죽과 흰색 반죽이 잘 이어지도록 한다.

7 스크래퍼를 사용하여 반죽을 뒤집고, 앞쪽에서부터 만다. 이음매를 손가락으로 꼬집듯 눌러준다.

8 3의 녹색 반죽 1개를 **7** 위에 올리고(**c**) 뒤집는다. 그 위에 나머지 녹색 반죽 1개를 올리고 손가락으로 가볍게 누른다.(**d**)

c

d

9 흰색 반죽에서 20g을 떼어내 15×5cm만큼 늘여 **8**을 감싼다.(**e**) 손가락으로 이음매를 꼬집은 후 가볍게 굴려 감춘다.(**f**) 같은 모양으로 총 5개의 반죽을 만든다.

e

f

10 흰색 반죽에서 10g을 떼어내 15cm만큼 기다랗게 늘이고, 작은 꽃 2개 사이에 붙인다.

11 **10** 위에 작은 꽃 반죽 1개를 붙인다.

12 흰색 반죽에서 10g씩 2개를 떼어내 각각 15cm만큼 기다랗게 늘인다. **11**의 작은 꽃 양쪽에 붙인다.

13 **12**에서 붙인 흰색 반죽 위에 작은 꽃 반죽 2개를 올린다.(**g, h**) 흰색 반죽에서 10g을 떼어내 15cm만큼 기다랗게 늘이고, 두 작은 꽃 반죽 사이에 올린다.(**i**)

g

h

i

14 나머지 흰색 반죽을 15×18cm만큼 늘여 **13**을 감싼다.(**j**) 손가락으로 이음매를 꼬집은 후 가볍게 굴려 감춘다.(**k**)

j

k

15 이음매를 아래쪽으로 하여 틀에 넣고 2차 발효한다.(17쪽 참고)

발효 전

발효 후

16 180도로 예열한 오븐에 15분, 틀을 뒤집어 다시 15분 굽는다. 다 구워지면 틀에서 바로 빵을 꺼내 케이크 쿨러 위에 세워 식힌다.(17쪽 참고)

Part 02

041

꽃과 과일 그림빵

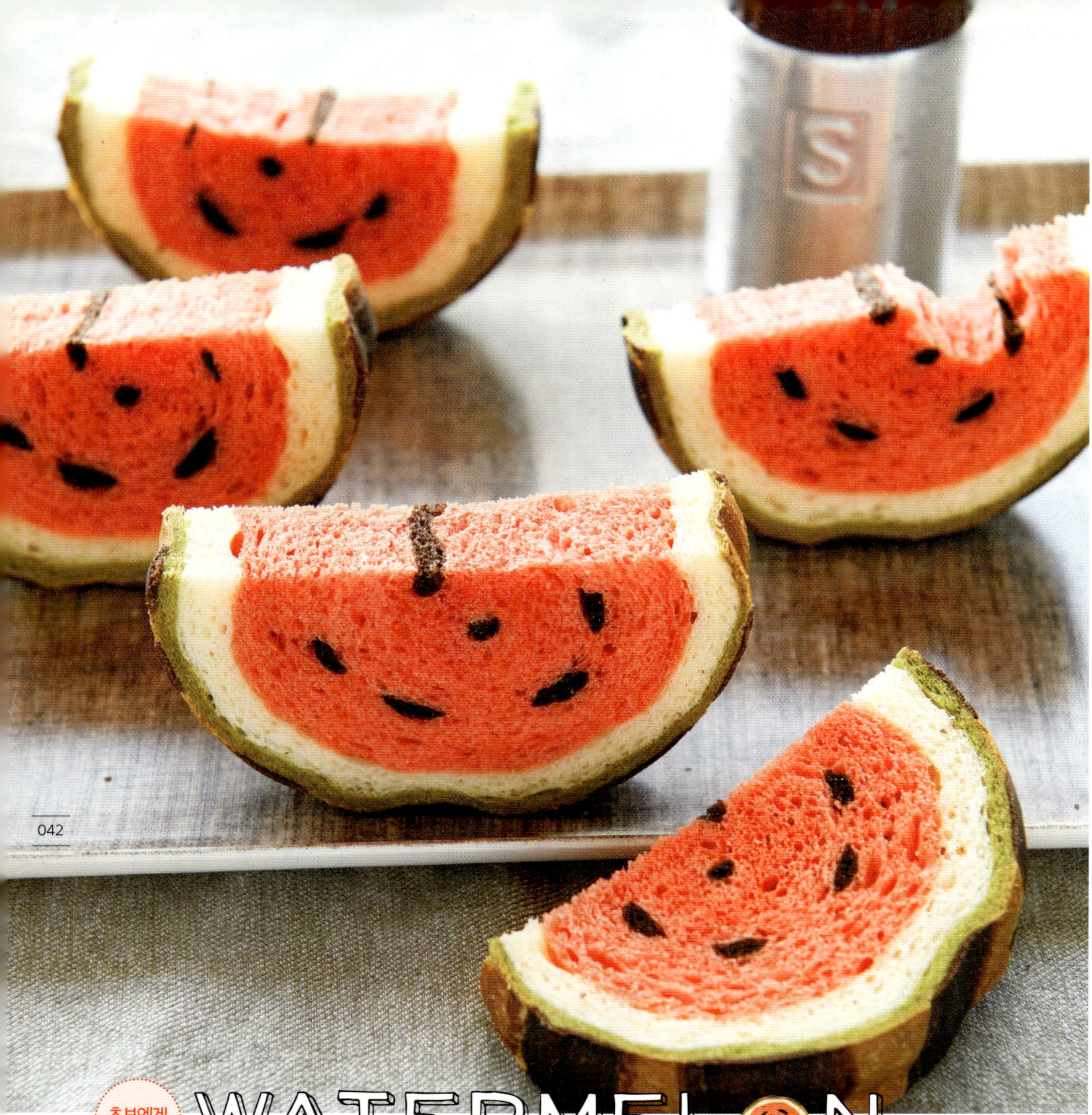

WATERMELON

Recipe #08	수박	난이도 ★ ☆ ☆

초보자도 만들기 쉬운 간단한 그림빵 레시피를 소개합니다! 수박 껍질의 검은색 무늬와 껍질 위 하얀 부분까지 표현하여 진짜 수박처럼 만들어보았어요.

[재료]

강력분……200g
박력분……50g
사탕수수 원당……2큰술
드라이이스트……1작은술
소금……⅓작은술
탈지분유(있다면)……10g
무염버터……25g

달걀……1개
미온수……90~100g
(달걀 포함 150g)

색 입히기 재료

비트 파우더……6g
시금치 파우더……3g
블랙 코코아 파우더……2g
뜨거운 물……적당량

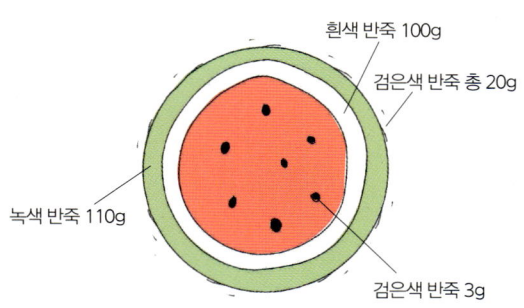

흰색 반죽 100g
검은색 반죽 총 20g
녹색 반죽 110g
검은색 반죽 3g

1 기본 반죽 만들기(12~15쪽)대로 반죽하고 1차 발효까지 거친 후(a) 가볍게 눌러 가스를 빼고 반죽을 둥글린다.(b)

검은색 반죽 41g   흰색 반죽 100g
빨간색 반죽 나머지
a

녹색 반죽 110g
b

2 수박 모양이 될 반죽을 각각 계량하고 둥글린다.

3g×7(씨)
20g(껍질과 무늬)
나머지(과육)
110g×1(껍질)   100g(껍질 안쪽)

3 씨를 만든다. 검은색 반죽 3g짜리 7개를 각각 15㎝만큼 기다랗게 늘인다.

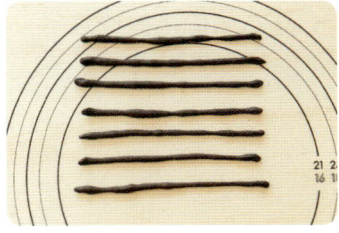

4 빨간색 반죽은 15×22㎝만큼 늘이고, 그 위에 3을 적당히 올린다.

5 앞쪽부터 공기가 들어가지 않도록 밀착시키면서 반죽을 만다.(c) 손가락으로 이음매를 꼬집은 후 (d) 가볍게 굴려 감춘다.

c

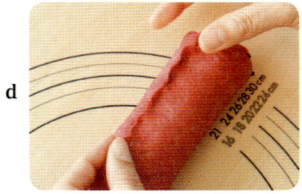
d

6 흰색 반죽 100g은 15×15㎝만큼 늘이고, 그 위에 5를 올리고 감싼다.(e) 밑 반죽을 들어 올려 감싸고, 손가락으로 이음매를 꼬집은 후 가볍게 굴려 감춘다.(f)

e

f

7 녹색 반죽 110g은 15×18㎝만큼 늘인다.(g) 검은색 반죽 20g은 2㎜ 두께로 늘이고 스크래퍼로 적당한 크기로 잘라낸다.(h)

g

h

8 7의 녹색 반죽에 7에서 자른 검은색 반죽을 불규칙하게 올려놓은 후 밀대로 녹색 반죽과 붙여준다.(i) 뒤집어 18×18㎝ 네모로 늘이고, 그 위에 6을 올리고 감싼다.(j) 밑 반죽을 들어 올려 감싸고, 손가락으로 이음매를 꼬집은 후 가볍게 굴려 감춘다.(k)

i

j

k

9 이음매를 아래쪽으로 하여 틀에 넣고 2차 발효한다.(17쪽 참고)

발효 전

발효 후

10 180도로 예열한 오븐에 15분, 틀을 뒤집어 다시 15분 굽는다. 다 구워지면 틀에서 바로 빵을 꺼내 케이크 쿨러 위에 세워 식힌다.(17쪽 참고)

LEMON

| Recipe #09 | 레몬 | 난이도 ★ ★ ★ |

레몬 그림빵은 레몬 과육 부분인 세모 반죽들의 꼭짓점이 동그랗게 모이도록 만듭니다. 모양이 딱 맞지 않아도 괜찮아요! 어긋난 대로 그 나름의 느낌이 있거든요.

[재료]

강력분……200g
박력분……50g
사탕수수 원당……2큰술
드라이이스트……1작은술
소금……⅔작은술
탈지분유(있다면)……10g
무염버터……25g

달걀……1개
미온수……90~100g
(달걀 포함 150g)

색 입히기 재료
호박 파우더……12g
뜨거운 물……적당량

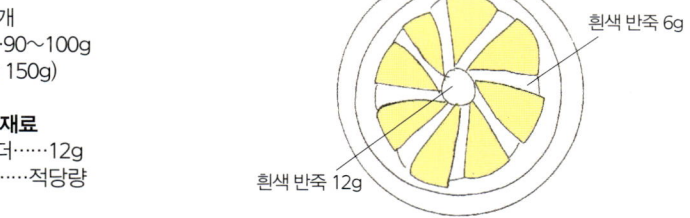

흰색 반죽 6g
흰색 반죽 12g

| **1** | 기본 반죽 만들기(12~15쪽)대로 반죽하고 1차 발효까지 거친 후(a) 가볍게 눌러 가스를 빼고 반죽을 둥글린다.(b) |

흰색 반죽 170g   노란색 반죽 나머지

a

b

| **2** | 레몬 모양이 될 반죽을 각각 계량하고 둥글린다. |

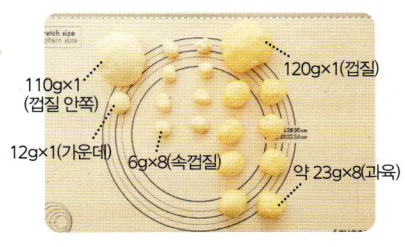

110g×1
(껍질 안쪽)
120g×1(껍질)
12g×1(가운데)
6g×8(속껍질)
약 23g×8(과육)

| **3** | 레몬 과육을 만든다. 노란색 반죽 약 23g씩 8개는 15㎝만큼 기다랗게, 흰색 반죽 6g씩 8개는 15×3㎝만큼 늘인다. 흰색 반죽 위에 노란색 반죽을 올리고 손가락 끝으로 눌러준다.(c) 한 면이 흰색 반죽인 세모가 되도록 반죽을 다듬는다.(d) 같은 모양으로 총 8개를 만든다. |

c

d

| **4** | 흰색 반죽 12g은 15㎝만큼 기다랗게 늘인다. |

| **5** | 3의 세모 반죽 4개를 노란색 꼭짓점이 가운데로 가게 놓고 서로 붙인다. |

| **6** | 5의 가운데에 4를 놓는다.(e) 나머지 세모 반죽을 주변을 에워싸듯이 놓는다.(f) 반죽을 가볍게 굴려 동그란 모양으로 만든다.(g) |

e

f

g

| **7** | 흰색 반죽 110g을 15×15㎝만큼 늘이고, 그 위에 6을 올리고 감싼다. 밑 반죽을 들어 올려 감싸고, 손가락으로 이음매를 꼬집은 후 가볍게 굴려 감춘다. |

| **8** | 노란색 반죽 120g을 15×18㎝만큼 늘이고, 그 위에 7을 올리고 감싼다. 밑 반죽을 들어 올려 감싸고, 손가락으로 이음매를 꼬집은 후 가볍게 굴려 감춘다. |

| **9** | 이음매를 아래쪽으로 하여 틀에 넣고 2차 발효한다.(17쪽 참고) |

발효 전

발효 후

| **10** | 180도로 예열한 오븐에 15분, 틀을 뒤집어 다시 15분 굽는다. 다 구워지면 틀에서 바로 빵을 꺼내 케이크 쿨러 위에 세워 식힌다.(17쪽 참고) |

K🥝WI

| Recipe #10 | 키위 | 난이도 ★ ☆ ☆ |

초보에게
추천

다른 빵과 달리 반죽에 깨를 넣는 과정이 추가되지만, 그 외에는 굉장히 만들기 쉬운 그림빵입니다. 구워진 빵의 겉면이 마치 키위 껍질 색깔 같죠. 저는 과일 그림빵 중에 키위를 특히 좋아합니다.

[재료]

강력분……200g
박력분……50g
사탕수수 원당……2큰술
드라이이스트……1작은술
소금……⅔작은술
탈지분유(있다면)……10g
무염버터……25g

달걀……1개
미온수……90~100g
(달걀 포함 150g)
볶은 깨(검은 깨)……6g

색 입히기 재료
시금치 파우더……7g
코코아 파우더……4g
뜨거운 물……적당량

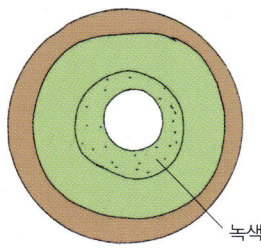

녹색 반죽 60g

1 기본 반죽 만들기(12~15쪽)대로 반죽하고, 녹색 반죽에서 60g을 떼어내 깨를 넣어 반죽한다. 반죽을 넓혀 깨를 반죽 위에 올린 후 앞쪽부터 말아준다.(**a**) 반죽을 이음매가 아래로 가도록 두고 손바닥으로 밀어 반죽과 깨를 섞어준다.(**b**) 깨와 반죽이 잘 섞였으면 반죽을 둥글린다.(**c**)

a

b

c

2 반죽을 1차 발효한 후(**d**) 손으로 가볍게 눌러 가스를 빼고 반죽을 둥글린다.(**e**)

흰색 반죽 24g (가운데)   갈색 반죽 170g(껍질)   녹색 반죽 나머지(과육)

d

(깨 넣은)녹색 반죽 60g(씨)

e

3 흰색 반죽을 15㎝만큼 기다랗게 늘인다.

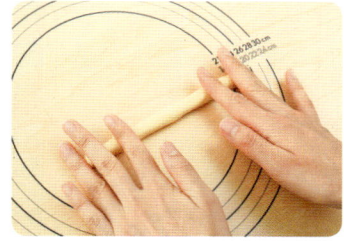

4 깨를 넣은 녹색 반죽을 15×5㎝만큼 늘여 **3**을 감싼다. 손가락으로 이음매를 꼬집은 후 가볍게 굴려 감춘다.

5 녹색 반죽을 15×15㎝만큼 늘이고, 그 위에 **4**를 이음매를 아래로 하여 올리고 감싼다. 밑 반죽을 들어 올려 감싸고, 손가락으로 이음매를 꼬집은 후 가볍게 굴려 감춘다.

#Column
과육 색깔을 바꿔도 귀여워요.

6 갈색 반죽을 15×18㎝만큼 늘이고, 그 위에 **5**를 이음매를 아래로 하여 올리고 감싼다.(**f**) 밑 반죽을 들어 올려 감싸고, 손가락으로 이음매를 꼬집은 후 가볍게 굴려 감춘다.(**g**)

f

g

7 이음매를 아래쪽으로 하여 틀에 넣고 2차 발효한다.(17쪽 참고)

발효 전

발효 후

8 180도로 예열한 오븐에 15분, 틀을 뒤집어 다시 15분 굽는다. 다 구워지면 틀에서 바로 빵을 꺼내 케이크 쿨러 위에 세워 식힌다.(17쪽 참고)

{ Ran's TALK }

기차

수박

토끼

달걀 프라이

얼룩말 무늬

작은 꽃무늬

사진은 이렇게 찍습니다. 동영상은 오븐 빵팬 테두리에 있는 구멍에 스마트폰을 고정해서 찍고 있어요.

2014년 8월에 그림빵 사진을 기록할 용도로 인스타그램을 시작했습니다. 인스타그램에 그림빵 사진을 올리다가, 전 세계 사람들에게 그림빵을 보여주는 것이 기쁘고 즐거워 꾸준히 사진을 올리게 되었죠.

2014년 11월에 판다 그림빵을 올리자, 가히 폭발적인 반응이었습니다. 이후 그림빵을 만드는 게 점점 즐거워져서 지금에 이르게 됐지요.

그림빵의 사진과 동영상은 모두 스마트폰으로 촬영한 것입니다. 디자인 패턴을 보여드리고 싶어, 되도록 같은 구도로 촬영합니다. 여러분도 그림빵을 만들면 꼭 인스타그램에 올려주세요. 여러분의 그림빵을 기대하고 있겠습니다.

Camouflage
레시피는 50쪽에

ZEBRA PATTERNED
레시피는 54쪽에

LEOPARD PRINT
레시피는 52쪽에

Part
03

패턴
그림빵

한눈에 시선을 사로잡는 패턴 그림빵!
의외로 레시피는 간단해요.
그림빵 초보자에게 추천합니다.

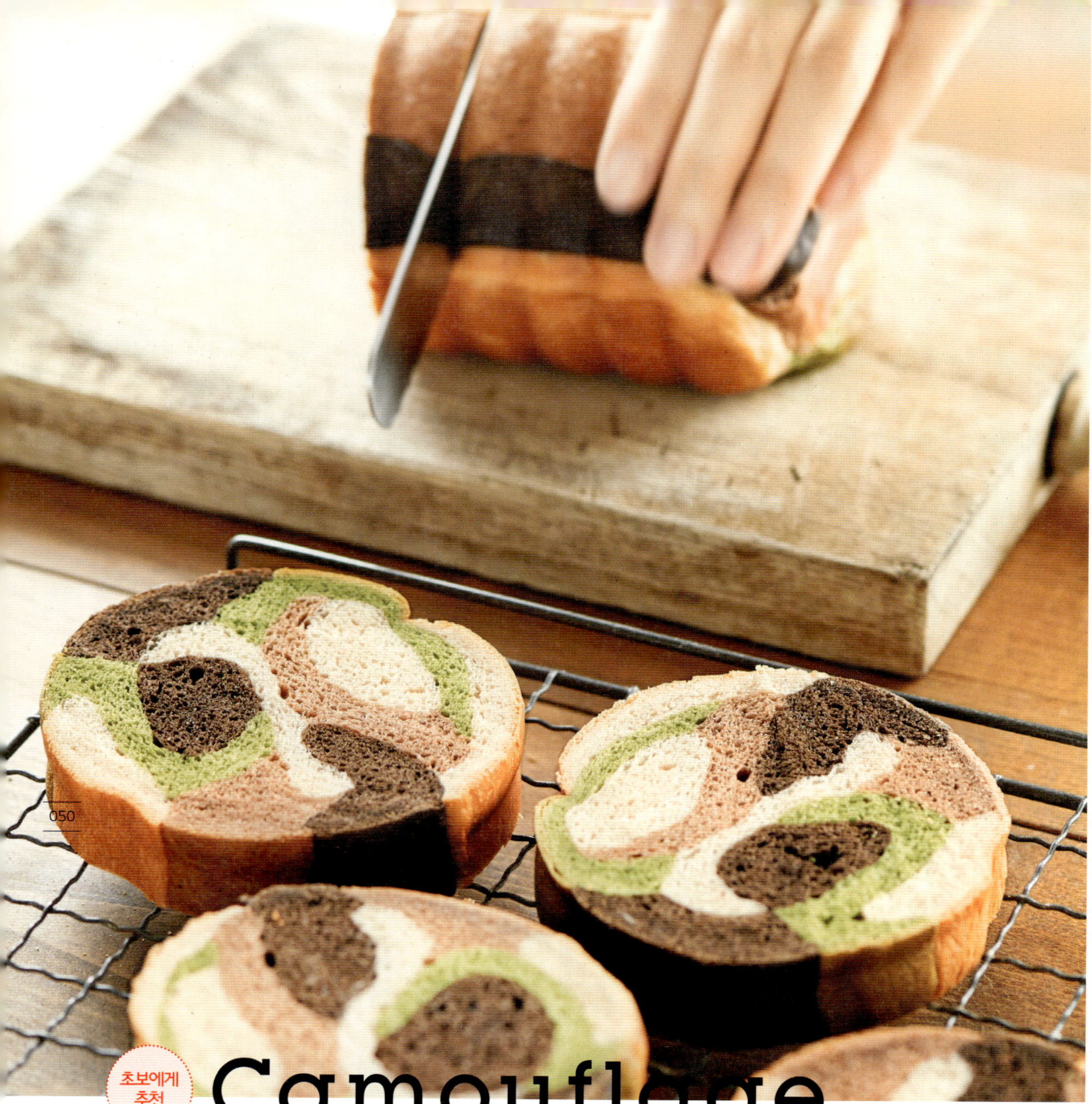

Camouflage

| Recipe # 11 | 카무플라주 | 난이도 ★ ☆ ☆ |

얼핏 보면 어려워 보이지만, 대강 만들기 좋은 그림빵입니다. 반죽은 길이만 같으면 됩니다. 두께
나 넓이는 적당히 만들어도 괜찮아요. 반죽을 무작위로 겹쳐놔도 사진과 같은 무늬가 만들어져요.

[재료]

강력분······200g
박력분······50g
사탕수수 원당······2큰술
드라이이스트······1작은술
소금······⅔작은술
탈지분유(있다면)······10g
무염버터······25g

달걀······1개
미온수······90~100g
(달걀 포함 150g)

색 입히기 재료

코코아 파우더······총 3.6g(갈색 3g, 옅은 갈색 0.6g)
시금치 파우더······3g
블랙 코코아 파우더······3g
뜨거운 물······적당량

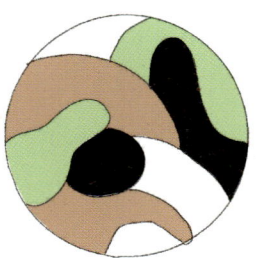

1 기본 반죽 만들기(12~15쪽)대로 반죽하고 1차 발효까지 거친 후(a) 가볍게 눌러 가스를 빼고 반죽을 둥글린다.(b)

녹색 반죽 100g 옅은 갈색 반죽 나머지

a

검은색 반죽 100g 갈색 반죽 100g

b

2 각 색깔 반죽을 옅은 갈색 반죽은 4개, 녹색 반죽은 2개, 갈색 반죽은 2개, 검은색 반죽은 3개로 나눈다. 굳이 계량할 필요 없이 반죽을 적당히 나눠서 둥글리면 된다.

3 옅은 갈색 반죽 1개를 15×5cm만큼 늘이고(c) 그 위에 15×5cm만큼 늘인 녹색 반죽 1장을 올린다.(d)

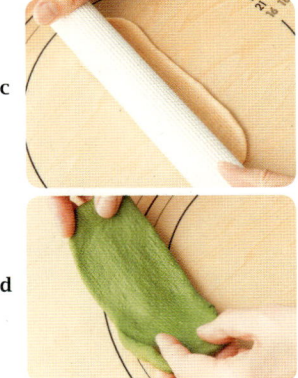

c

d

4 검은색 반죽 1개를 15cm만큼 기다랗게 늘여 3 위에 올리고 녹색 반죽으로 감싼다.

5 색 반죽을 바꿔가면서 적당히 겹친다.(e, f, g)

e

f

g

Point

색 반죽을 중복되지 않게 겹치면 빵이 예쁘게 완성됩니다.

6 틀에 반죽을 넣어 2차 발효한다.(17쪽 참고)

발효 전

발효 후

7 180도로 예열한 오븐에 15분, 틀을 뒤집어 다시 15분 굽는다. 다 구워지면 틀에서 바로 빵을 꺼내 케이크 쿨러 위에 세워 식힌다.(17쪽 참고)

LEOPARD PRINT

| Recipe #12 | 레오파드 무늬 | 난이도 ★ ★ ☆ |

화려한 겉모양에 비해 간단히 만들 수 있는 그림빵입니다. 같은 모양의 반죽을 14개나 만들어야 하지만, 모양이 달라져도 괜찮아요. 오히려 들쑥날쑥해야 레오파드 무늬가 제대로 나오거든요.

[재료]

강력분·····200g
박력분·····50g
사탕수수 원당·····2큰술
드라이이스트·····1작은술
소금·····⅘작은술
탈지분유(있다면)·····10g
무염버터·····25g

달걀·····1개
미온수·····90~100g
(달걀 포함 150g)

색 입히기 재료

코코아 파우더·····총 5.5g
(갈색 1.5g, 짙은 갈색 4g)
블랙 코코아 파우더·····2g
(코코아 파우더 4g를 넣어 짙은 갈색을 만든다)
뜨거운 물·····적당량

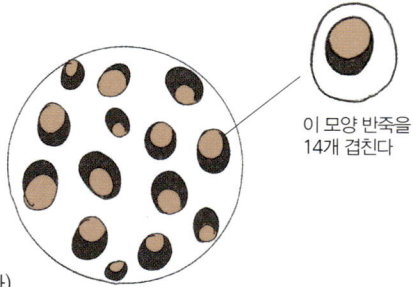

이 모양 반죽을
14개 겹친다

1 기본 반죽 만들기(12~15쪽)대로 반죽하고 1차 발효까지 거친 후(a) 가볍게 눌러 가스를 빼고 반죽을 둥글린다.(b)

흰색 반죽 나머지   갈색 반죽 140g

a

짙은 갈색 반죽 140g

b

2 레오파드 무늬가 될 반죽을 각각 계량하고 둥글린다.

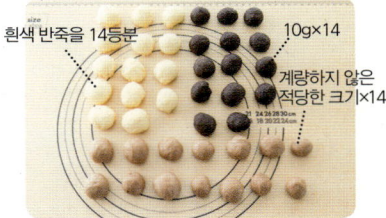

흰색 반죽을 14등분   10g×14

계량하지 않은 적당한 크기×14

3 갈색 반죽은 각각 15cm만큼 기다랗게 늘인다. 짙은 갈색 반죽은 각각 15×3cm만큼 늘여 갈색 반죽을 감싼다.

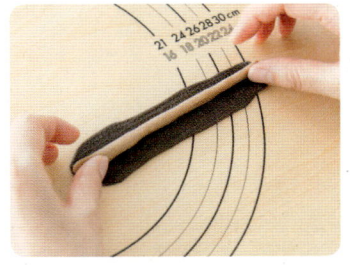

4 흰색 반죽은 각각 15×5cm만큼 늘이고, 그 위에 3을 올리고 감싼다.(c) 가볍게 굴려 이음매를 감춘다. 같은 모양으로 총 14개를 만든다.(d)

* 갈색 반죽의 두께에 따라 덜 감싸질 수도 있지만, 다 감싸지지 않아도 괜찮아요.

c

d

Point

모양 반죽 14개의 두께나 모양이 제각각이여도 상관 없습니다.

5 틀에 반죽을 가지런히 넣는다. 1단에는 3개(e) 2~3단에 각각 4개(f) 4단에는 3개를 넣는다. 같은 색이나 두께의 반죽으로 겹치지 않게 무작위로 나란히 놓는다.

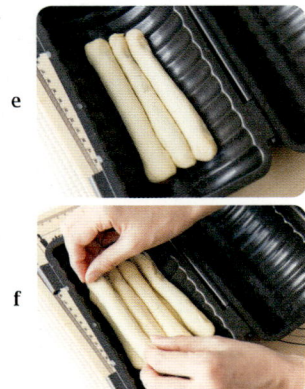

e

f

6 틀에 반죽을 넣어 2차 발효한다.(17쪽 참고)

발효 전

발효 후

7 180도로 예열한 오븐에 15분, 틀을 뒤집어 다시 15분 굽는다. 다 구워지면 틀에서 바로 빵을 꺼내 케이크 쿨러 위에 세워 식힌다.(17쪽 참고)

Part 03

053

패턴 그림빵

ZEBRA PATTERNED

초보에게 추천

Recipe #13	얼룩말 무늬	난이도 ★ ☆ ☆

색이 들어간 반죽은 검은색뿐이고, 늘인 반죽을 직접 틀에 겹쳐서 넣는 것이 전부입니다. 매우 간단하지만 화려한 그림빵이에요. 홈 파티에 이 그림빵을 가져가면 틀림없이 파티 분위기가 좋아질 거예요.

[재료]

강력분……200g
박력분……50g
사탕수수 원당……2큰술
드라이이스트……1작은술
소금……⅔작은술
탈지분유(있다면)……10g
무염버터……25g

달걀……1개
미온수……90~100g
(달걀 포함 150g)

색 입히기 재료
블랙 코코아 파우더……8g
뜨거운 물……적당량

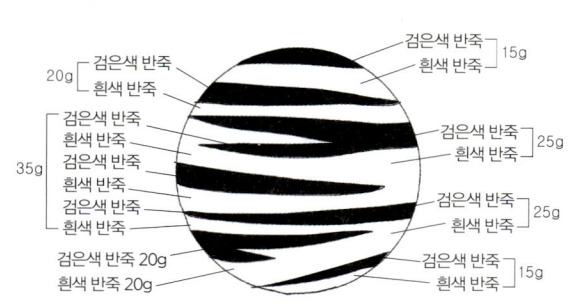

검은색 반죽 15g
흰색 반죽
20g 검은색 반죽
흰색 반죽
검은색 반죽 25g
흰색 반죽
검은색 반죽
흰색 반죽
35g 검은색 반죽
흰색 반죽
검은색 반죽 25g
흰색 반죽
검은색 반죽
흰색 반죽
검은색 반죽 20g
흰색 반죽 20g
검은색 반죽 15g
흰색 반죽

1 기본 반죽 만들기(12~15쪽)대로 반죽하고 1차 발효까지 거친 후(a) 가볍게 눌러 가스를 빼고 반죽을 둥글린다.(b)

흰색, 검은색 반죽 같은 양

a

b

2 얼룩말 무늬가 될 반죽을 각각 계량하고 둥글린다.

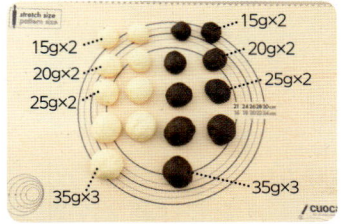

3 흰색 반죽 15g짜리 1개를 15×6㎝만큼 얇게 늘여 틀 가운데에 넣는다.

4 검은색 반죽 15g짜리 1개, 흰색 반죽 20g짜리 1개도 **3**과 같은 두께로 늘이고(c) **3** 위에 포갠다.(d)

c

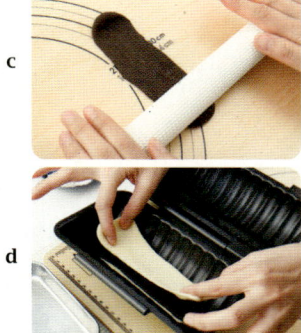

d

5 반죽의 길이와 두께를 똑같이 맞추고(분량이 늘어나면 반죽 크기를 더 늘인다) 검은색 반죽 20g, 흰색 반죽 25g, 검은색 반죽 25g, 흰색 반죽 35g, 검은색 반죽 35g, 흰색 반죽 35g, 검은색 반죽 35g, 흰색 반죽 35g, 검은색 반죽 35g(분량이 작은 것부터) 순으로 조금씩 어긋나게 포갠다.

6 **5** 위에 흰색 반죽 25g, 검은색 반죽 25g, 흰색 반죽 20g, 검은색 반죽 20g, 흰색 반죽 15g, 검은색 반죽 15g(분량이 큰 것부터) 순으로 조금씩 어긋나게 포갠다.

7 그대로 2차 발효한다.(17쪽 참고)

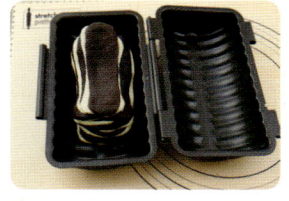

발효 전

발효 후

8 180도로 예열한 오븐에 15분, 틀을 뒤집어 다시 15분 굽는다. 다 구워지면 틀에서 바로 빵을 꺼내 케이크 쿨러 위에 세워 식힌다.(17쪽 참고)

03

{ Ran's TALK }

벌과 나비를
그리고 있어!

(왼쪽) 종이와 크레파스, 색
연필, 색깔 펜은 바로 꺼낼
수 있도록 놓아뒀습니다. 아
들이 어떤 색깔로 어떻게 그
리는지 항상 지켜보고 있죠.
(아래) 거실 한구석에 아들
이 그린 그림을 장식해놓았
습니다. 꽃이나 생물 그림이
많네요.

다섯 살 난 아들은 그림 그리기를 굉장히 좋아합니다.
종이와 크레파스가 있으면 혼자서 그림을 그리죠. 어느
날, 아들이 그린 벌 그림을 보고 '이걸 그림빵으로 만들
면 아이가 좋아할까?' 생각하며 그림빵을 만들었습니
다. '우와~ 대단해!' 하는 표정으로 눈을 반짝이는 아이
표정을 보니 정말 기뻤어요. 아들이 그린 그림이 굉장히
단순했던 덕분에 그림빵으로 만들기 쉬웠습니다.
그림빵은 아들의 유치원 친구들과 친구 엄마들에게 큰
호평을 받았습니다. 각자 음식을 가져가는 파티에서는
모두 앞에서 그림빵을 잘랐더니 파티 분위기가 한층 좋
아지더라고요!
그림빵 주변에는 항상 웃는 얼굴이 가득합니다.
그 웃는 얼굴이 보고 싶어서 오늘도 저는 그림빵을 굽
습니다.

CAR
레시피는 66쪽에

Electric train
레시피는 68쪽에

Part
04

장난기 가득한
그림빵

식탁 위를 꾸미기 좋은 그림들로 가득합니다.
자동차와 기차 그림빵은
남자아이가 있는 집이라면 꼭 한번 만들어보세요!

Sunny-side up
레시피는 58쪽에

Pad
레시피는 62쪽에

BALLOON
레시피는 60쪽에

Sunny-side up

초보에게
추천

| Recipe #14 | 달걀 프라이 | 난이도 ★ ☆ ☆ |

약간 찌그러진 달걀 프라이 느낌을 살린 그림빵입니다. 마치 빵 위에 진짜 달걀 프라이를 올려놓은
것 같죠. 샌드위치 속을 잔뜩 넣어 소풍 갈 때 가져가고 싶을 정도로 귀엽습니다.

[재료]

강력분······200g
박력분······50g
사탕수수 원당······2큰술
드라이이스트······1작은술
소금······⅔작은술
탈지분유(있다면)······10g
무염버터······25g

달걀······1개
미온수······90~100g
(달걀 포함 150g)

색 입히기 재료
호박 파우더······6g
코코아 파우더······1g
뜨거운 물······적당량

샌드위치 속재료
베이컨, 슬라이스 치즈, 토마토,
적상추······각 적당량

사이드 메뉴
감자튀김······적당량

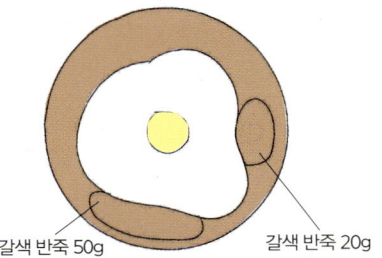

갈색 반죽 50g   갈색 반죽 20g

1 기본 반죽 만들기(12~15쪽)대로 반죽하고 1차 발효까지 거친 후(**a**) 가볍게 눌러 가스를 빼고 반죽을 둥글린다.(**b**)

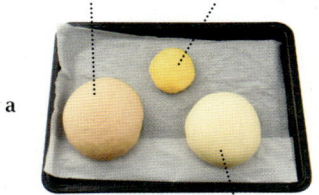

갈색 반죽 나머지   노란색 반죽 60g(노른자)

a

흰색 반죽 180g(흰자)

b

2 노른자를 만든다. 노란색 반죽을 15㎝만큼 기다랗게 늘인다.

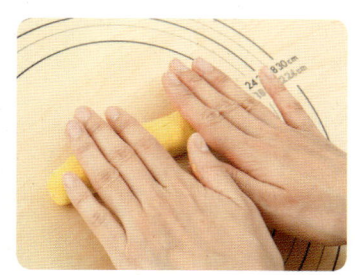

3 흰자를 만든다. 흰색 반죽 180g을 15×10㎝만큼 늘이고, 그 위에 **2**를 올리고 감싼다. 손가락으로 이음매를 꼬집은 후 가볍게 굴려 감춘다.

4 갈색 반죽에서 50g과 20g을 떼어내 각각 15㎝만큼 기다랗게 늘이고, **3**의 옆면에 적당히 붙인다.

5 나머지 갈색 반죽은 15×18㎝만큼 늘이고, 그 위에 **4**를 올리고 감싼다.(**c**) 밑 반죽을 들어 올려 감싸고, 손가락으로 이음매를 꼬집은 후 가볍게 굴려 감춘다.(**d**)

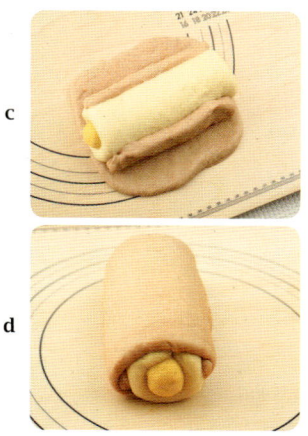

c

d

6 이음매를 아래쪽으로 하여 틀에 넣고 2차 발효한다.(17쪽 참고)

발효 전

발효 후

7 180도로 예열한 오븐에 15분, 틀을 뒤집어 다시 15분 굽는다. 다 구워지면 틀에서 바로 빵을 꺼내 케이크 쿨러 위에 세워 식힌다.(17쪽 참고)

8 원하는 두께로 빵을 자르고, 빵 위에 슬라이스 치즈, 적상추, 구운 베이컨, 통썰기한 토마토를 올려 접시에 담는다. 완성된 샌드위치 옆에 감자튀김을 곁들인다.

Smile
Yes!

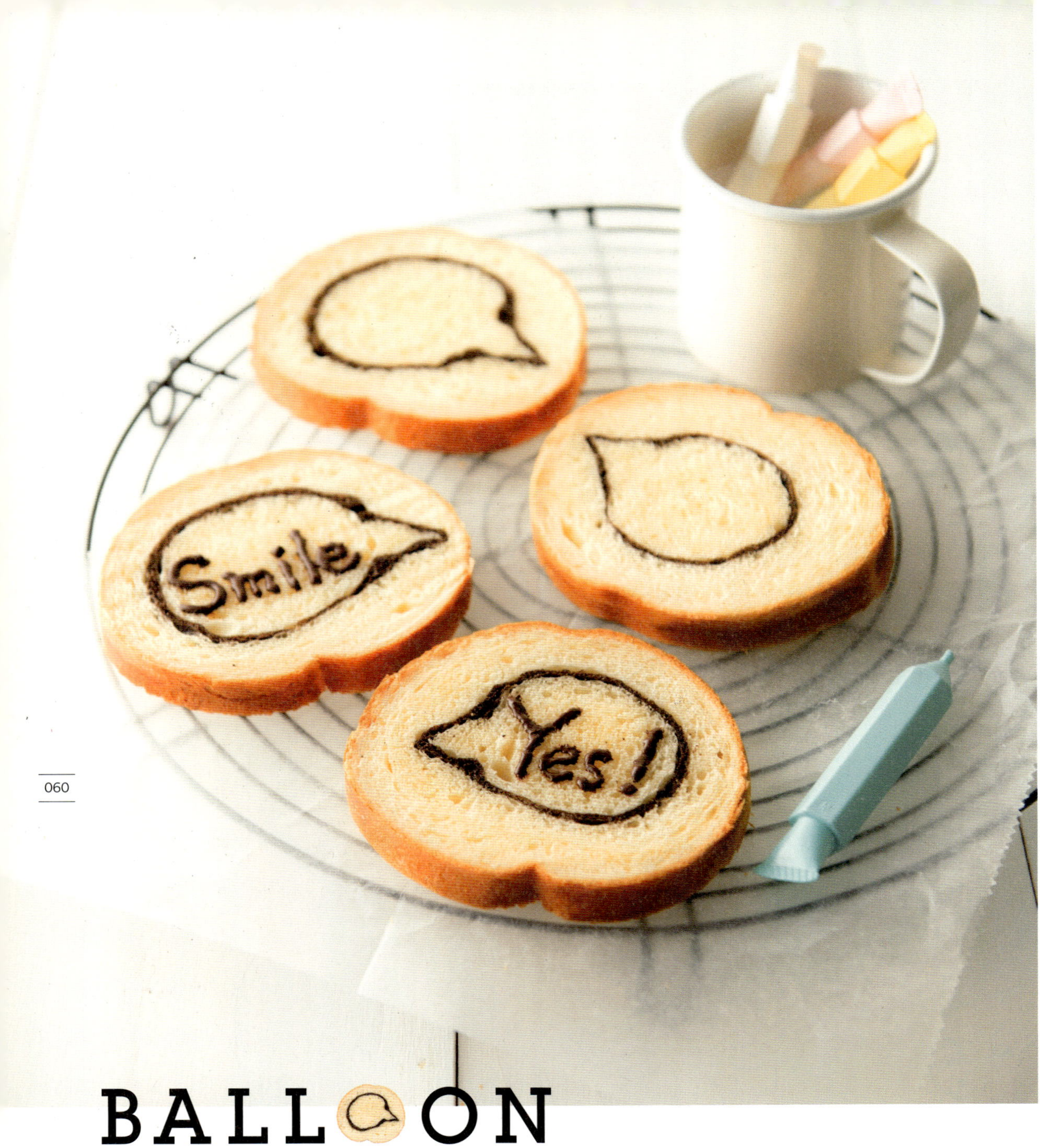

BALLOON

Recipe #15 | 말풍선 | 난이도 ★★★

말풍선 안에 메시지를 그려 넣는, 이름하야 '메모 빵'입니다. 남편과 아들이 서로 빵에 그려진 메시지를 보며 즐거워했죠.

[재료]

강력분……200g
박력분……50g
사탕수수 원당……2큰술
드라이이스트……1작은술
소금……$\frac{2}{3}$작은술
탈지분유(있다면)……10g
무염버터……25g

달걀……1개
미온수……90~100g
(달걀 포함 150g)

색 입히기 재료

블랙 코코아 파우더……1g
뜨거운 물……적당량

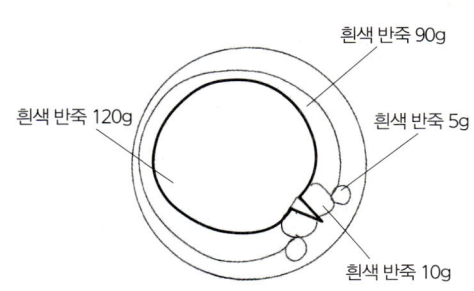

흰색 반죽 90g
흰색 반죽 120g
흰색 반죽 5g
흰색 반죽 10g

1 기본 반죽 만들기(12~15쪽)대로 반죽하고 1차 발효까지 거친 후(a) 가볍게 눌러 가스를 빼고 반죽을 둥글린다.(b)

검은색 반죽 30g   흰색 반죽 나머지

a

b

2 말풍선 모양이 될 반죽을 각각 계량하고 둥글린다.

120g×1   5g×1
나머지(★)

30g×1

3 흰색 반죽(★)에서 10g짜리 2개, 5g짜리 2개, 90g짜리 1개를 떼어낸다. 흰색 반죽 120g은 15㎝만큼 기다랗게 늘인다.

4 검은색 반죽을 1~2㎜ 두께의 15×15㎝ 네모로 늘인다. 스크래퍼로 끝에서 2㎝만큼 잘라내고, 잘라낸 반죽은 다시 반으로 자른다.

5 흰색 반죽 5g은 15㎝만큼 기다랗게 늘이고 손가락으로 세모 모양을 만든다.(c) 삼각형 두 면에 4에서 자른 검은색 반죽을 붙이고, 검은색 반죽이 만나는 부분은 흰색 반죽이 보이지 않게 이어준다.(d)

c

d

6 나머지 검은색 반죽 위에 3을 올리고 감싼다. 흰색 반죽이 보이는 부분 위에 5를 놓는다.(e) 검은색 반죽을 스크래퍼로 밀어 넣은 후 조심스럽게 옆면과 이어준다.(f)

e

f

7 흰색 반죽 10g짜리 2개를 각각 15㎝만큼 기다랗게 늘여 6의 튀어나온 부분 양쪽에 붙인다. 손가락으로 눌러 세모가 되도록 다듬는다.

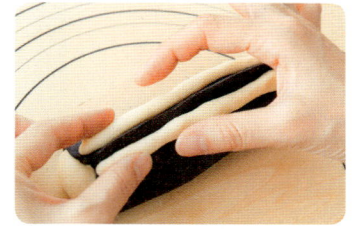

8 흰색 반죽 90g은 15×15㎝ 네모로 늘이고, 그 위에 7을 올리고 감싼다.(g) 흰색 반죽 5g짜리 2개는 각각 15㎝만큼 기다랗게 늘여 7의 튀어나온 부분 양쪽에 붙인다.(h)

g

h

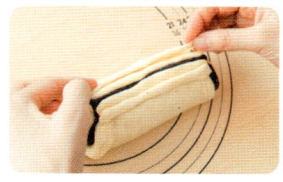

9 나머지 흰색 반죽은 15×18㎝만큼 늘이고, 그 위에 8을 튀어나온 부분을 가로로 하여 눕히고 감싼다. 손가락으로 이음매를 꼬집은 후 가볍게 굴려 감춘다.

10 이음매를 아래쪽으로 하여 틀에 넣고 2차 발효한다.(17쪽 참고)

발효 전

발효 후

11 180도로 예열한 오븐에 15분, 틀을 뒤집어 다시 15분 굽는다. 다 구워지면 틀에서 바로 빵을 꺼내 케이크 쿨러 위에 세워 식힌다.(17쪽 참고)

Pad

| Recipe #16 | 발바닥 | 난이도 ★ ☆ ☆ |

고양이를 좋아하는 사람도 강아지를 좋아하는 사람도 모두 좋아하는 발바닥 모양의 그림빵입니다.
발바닥의 말랑말랑한 느낌과 갓 구운 빵의 부드러움, 둘의 공통점이 느껴지지 않나요?

[재료]

강력분······200g
박력분······50g
사탕수수 원당······2큰술
드라이이스트······1작은술
소금······⅓작은술
탈지분유(있다면)······10g
무염버터······25g

달걀······1개
미온수······90~100g
(달걀 포함 150g)

색 입히기 재료
코코아 파우더······3g
뜨거운 물······적당량

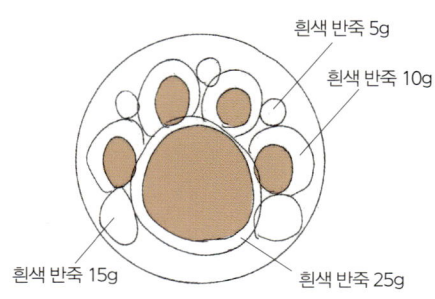

흰색 반죽 5g
흰색 반죽 10g
흰색 반죽 15g
흰색 반죽 25g

1 기본 반죽 만들기(12~15쪽)대로 반죽하고 1차 발효까지 거친 후(**a**) 가볍게 눌러 가스를 빼고 반죽을 둥글린다.(**b**)

흰색 반죽 나머지　　갈색 반죽 155g

a

b

2 발바닥 모양이 될 반죽을 각각 계량하고 둥글린다.

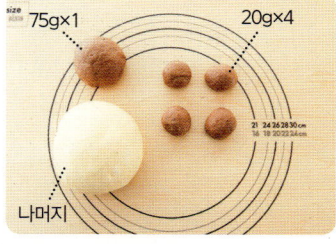

75g×1　　　　　　20g×4

나머지

3 흰색 반죽에서 10g씩 4개를 떼어내 각각 15×4cm만큼 늘인다. 갈색 반죽 20g씩 4개는 각각 15cm만큼 늘인다. 흰색 반죽으로 갈색 반죽을 각각 감싸고 가볍게 굴려 이음매를 감춘다.

4 흰색 반죽에서 25g을 떼어내 15×8cm만큼 늘인다. 갈색 반죽 75g은 15cm만큼 기다랗게 늘인다. 흰색 반죽으로 갈색 반죽을 감싼 후(**c**) 손가락으로 세모 모양을 만든다.(**d**)

c

d

5 흰색 반죽에서 15g짜리 2개와 5g짜리 3개를 떼어내 각각 15cm만큼 기다랗게 늘인다. 두꺼운 흰색 반죽을 4 양옆에 붙인다.(**e**) 그 위에 3을 나란히 올리고(**f**) 3 사이사이에 가는 흰색 반죽을 붙인다.(**g**)

e

f

g

6 나머지 흰색 반죽을 15×18cm만큼 늘이고, 그 위에 5를 뒤집어 올리고 감싼다.(**h**) 밑 반죽을 들어 올려 감싸고, 손가락으로 이음매를 꼬집은 후 가볍게 굴려 감춘다.(**i**)

h

i

7 이음매를 아래쪽으로 하여 틀에 넣고 2차 발효한다.(17쪽 참고)

발효 전

발효 후

8 180도로 예열한 오븐에 15분, 틀을 뒤집어 다시 15분 굽는다. 다 구워지면 틀에서 바로 빵을 꺼내 케이크 쿨러 위에 세워 식힌다.(17쪽 참고)

Recipe #17
CAR

Recipe #18
Electric train

CAR

고물 자동차 같은 모양이 귀엽지 않나요? 운동회나 소풍을 갈 때 도시락에 넣으면 아이가 분명 기뻐할 거예요! 아이가 좋아하는 색깔로 자동차 그림빵을 만들어주세요.

[재료]

강력분……200g
박력분……50g
사탕수수 원당……2큰술
드라이이스트……1작은술
소금……⅔작은술
탈지분유(있다면)……10g
무염버터……25g

달걀……1개
미온수……90~100g
(달걀 포함 150g)

색 입히기 재료
비트 파우더……3g
호박 파우더……3g
블랙 코코아 파우더……1g
뜨거운 물……적당량

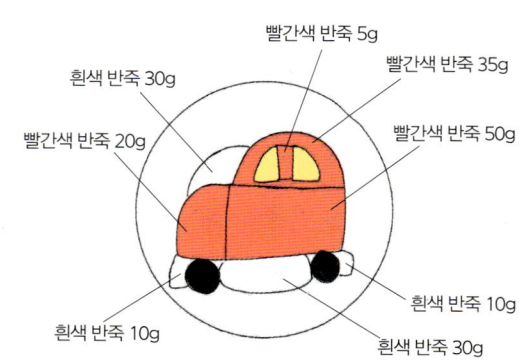

빨간색 반죽 5g
빨간색 반죽 35g
흰색 반죽 30g
빨간색 반죽 20g
빨간색 반죽 50g
흰색 반죽 10g
흰색 반죽 10g
흰색 반죽 30g

1 기본 반죽 만들기(12~15쪽)대로 반죽하고 1차 발효까지 거친 후(**a**) 가볍게 눌러 가스를 빼고 반죽을 둥글린다.(**b**)

흰색 반죽 나머지
노란색 반죽 30g
a
검은색 반죽 30g
빨간색 반죽 110g

b

2 자동차 모양이 될 반죽을 각각 계량하고 둥글린다.

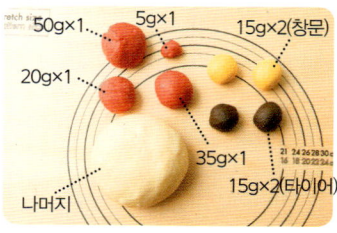

50g×1
5g×1
15g×2(창문)
20g×1
35g×1
15g×2(타이어)
나머지

3 창문을 만든다. 노란색 반죽 15g짜리 2개를 각각 15cm만큼 기다랗게 늘인다. 빨간색 반죽 5g을 15×1cm만큼 늘이고, 두 노란색 반죽 사이에 놓고 붙인다.

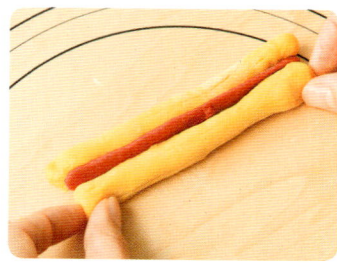

4 천장을 만든다. 빨간색 반죽 35g을 15×5cm만큼 늘여 **3**을 덮는다.

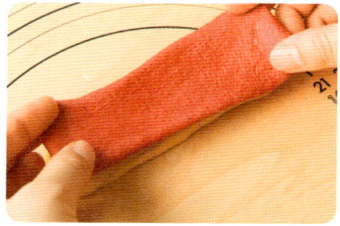

5 차체를 만든다. 빨간색 반죽 50g을 15×5cm만큼 늘이고, 그 위에 **4**를 올린다.(**c**) 자동차의 천장과 차체의 이음매를 꼬집듯 누른다.(**d**)

c

d

6 자동차 앞부분을 만든다. 빨간색 반죽 20g을 15㎝만큼 기다랗게 늘여 5의 한쪽에 붙인다.(e) 흰색 반죽에서 30g을 떼어내 15㎝만큼 기다랗게 늘여 자동차 앞부분 위에 놓는다.(f)

e

f

7 6을 뒤집은 후, 자동차 앞부분과 차체의 이음매를 꼬집듯 누른다.

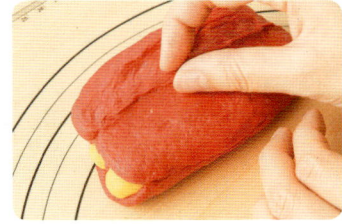

8 타이어를 만든다. 검은색 반죽 15g짜리 2개를 각각 15㎝만큼 기다랗게 늘여 7 위에 붙인다.

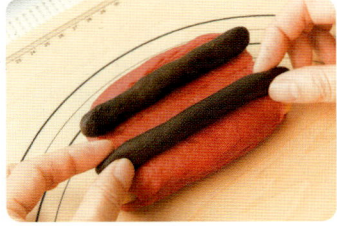

9 흰색 반죽에서 30g을 떼어내 15㎝만큼 기다랗게 늘여 타이어와 타이어 사이에 놓는다.

10 흰색 반죽에서 10g씩 2개를 떼어내 각각 15㎝만큼 기다랗게 늘여 타이어 양옆에 붙인다.

11 10을 뒤집어 6에서 붙였던 흰색 반죽과 10에서 붙였던 흰색 반죽의 이음매를 꼬집듯 누른다.

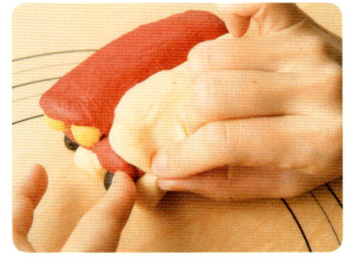

12 나머지 흰색 반죽을 15×18㎝만큼 늘이고, 그 위에 11을 뒤집어 올리고 감싼다.(g) 밑 반죽을 들어 올려 감싸고, 손가락으로 이음매를 꼬집은 후 가볍게 굴려 감춘다.(h)

g

h

13 이음매를 아래쪽으로 하여 틀에 넣고 2차 발효한다.(17쪽 참고)

발효 전

발효 후

14 180도로 예열한 오븐에 15분, 틀을 뒤집어 다시 15분 굽는다. 다 구워지면 틀에서 바로 빵을 꺼내 케이크 쿨러 위에 세워 식힌다.(17쪽 참고)

Electric train

| Recipe #18 | 기차 | 난이도 ★★★ |

남자아이는 기차를 좋아하는 아이와 자동차를 좋아하는 아이로 나뉘죠. 제 아들은 기차를 좋아한답니다. 접시에 기차 그림빵을 놔두면 빵들을 서로 연결하는데, 그 모습이 너무 귀여워요.

[재료]

강력분……200g
박력분……50g
사탕수수 원당……2큰술
드라이이스트……1작은술
소금……⅔작은술
탈지분유(있다면)……10g
무염버터……25g

달걀……1개
미온수……90~100g
(달걀 포함 150g)

색 입히기 재료
시금치 파우더……1g
호박 파우더……2g
블랙 코코아 파우더……1g
뜨거운 물……적당량

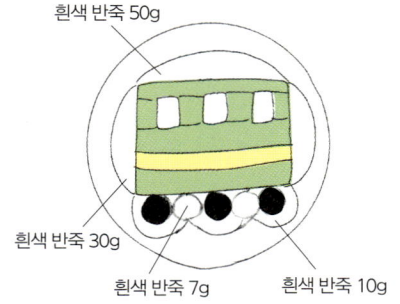

흰색 반죽 50g
흰색 반죽 30g
흰색 반죽 7g
흰색 반죽 10g

1 기본 반죽 만들기(12~15쪽)대로 반죽하고 1차 발효까지 거친 후(a) 가볍게 눌러 가스를 빼고 반죽을 둥글린다.(b)

흰색 반죽 나머지
흰색 반죽 45g
노란색 반죽 20g
a

검은색 반죽 21g
녹색 반죽 80g
b

2 기차 모양이 될 반죽을 각각 계량하고 둥글린다.

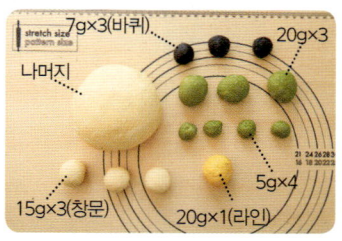

stretch size pattern size
7g×3(바퀴)
나머지
20g×3
15g×3(창문)
20g×1(라인)
5g×4

3 녹색 반죽 20g짜리 2개와 노란색 반죽 20g짜리 1개를 각각 15×5cm만큼 늘이고 녹색 반죽, 노란색 반죽, 녹색 반죽 순으로 포갠다. 밀대로 밀어 모양을 정돈하고 반죽들을 붙인다.

4 흰색 반죽 15g짜리 3개를 15cm만큼 기다랗게 늘인다.(c) 녹색 반죽 5g짜리 2개는 15×0.1cm만큼 늘여 흰색 반죽 사이에 붙인다. 그다음, 3 위에 올린다.(d)

c

d

5 녹색 반죽 5g짜리 2개를 15cm만큼 기다랗게 늘이고 손가락 끝으로 살짝 누른다.(e) 그다음, 4의 흰색 반죽 양 옆면에 붙인다.(f)

e

f

6 녹색 반죽 20g을 15×5cm만큼 늘여 5 위에 놓는다. 모퉁이를 손가락으로 꼬집어 가장자리를 세워준다.

7 검은색 반죽 7g짜리 3개, 흰색 반죽 7g짜리 2개(나머지 흰색 반죽에서 떼어냄)는 각각 15㎝만큼 기다랗게 늘인다. 6을 뒤집고, 그 위에 검은색 반죽과 흰색 반죽을 번갈아가며 놓는다. 사이를 메우듯이 흰색 반죽을 손가락으로 누른다.

8 흰색 반죽에서 10g씩 3개를 떼어내 각각 15×2㎝만큼 늘이고, 검은색 반죽(타이어) 위에 덮어 씌우듯 놓는다.

9 나머지 흰색 반죽에서 30g씩 2개를 떼어내 각각 15×3㎝만큼 늘이고, 8 양옆에 붙인다.(g) 흰색 반죽에서 50g을 떼어내 15×7㎝만큼 늘인다. 기차 반죽을 뒤집고(h) 윗부분에 흰색 반죽을 놓는다.(i)

g

h

i

10 모퉁이를 손가락으로 꼬집어 가장자리를 세워준다.

11 나머지 흰색 반죽을 15×18㎝만큼 늘이고, 그 위에 10을 뒤집어 올리고 감싼다.(j) 밑 반죽을 들어 올려 감싸고, 손가락으로 이음매를 꼬집은 후(k) 가볍게 굴려 감춘다.(l)

j

k
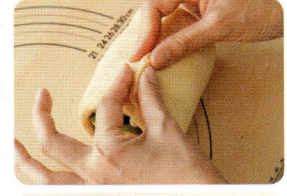

l

12 이음매를 아래쪽으로 하여 틀에 넣고 2차 발효한다.(17쪽 참고)

발효 전

발효 후

13 180도로 예열한 오븐에 15분, 틀을 뒤집어 다시 15분 굽는다. 다 구워지면 틀에서 바로 빵을 꺼내 케이크 쿨러 위에 세워 식힌다.(17쪽 참고)

{ 이럴 때는 어떻게 하죠? 그림빵 Q&A }

그림빵을 만들 때 생기는 궁금증에 대해 답해드릴게요.
알고 나면 어렵지 않게 그림빵을 만들 수 있을 거예요.

Q1 반죽을 고르게 늘이는 요령을 알려주세요. 도중에 반죽이 끊어지거나 반죽을 늘여도 바로 줄어듭니다.

A1 반죽이 끊어지는 건 반죽을 덜해서, 반죽이 줄어드는 건 굳기에 원인이 있습니다.

반죽이 도중에 끊어지는 건 반죽을 덜해서일지도 모릅니다. 반죽을 얇게 늘여 끊어지지 않는 상태(글루텐 막이 형성된 상태)인지 확인해보세요. 손가락으로 반죽을 눌러 다시 돌아오지 않는지 확인하면 됩니다. 한편, 반죽을 늘여도 다시 줄어드는 건 반죽이 너무 딱딱하거나 탄력이 너무 강해서일지도 모릅니다. 시간을 조금 들여 시험해보면 반죽 늘이는 게 쉬워질 거예요.

Q2 '도요틀'이 없는데, 대용으로 쓸 수 있는 게 없을까요?

A2 무늬가 있다면 다른 틀이라도 괜찮습니다.

이 책의 레시피는 도요틀(소형, 약 200×108×95㎜)을 사용했을 때를 가정하여 분량을 재고, 또 통모양틀에 굽는다는 전제로 반죽을 성형했습니다. 따라서 식빵 틀이나 홈 베이커리로 구우면 당연히 책의 사진과는 모양이 다를 수밖에 없죠. 하지만 얼룩말 무늬나 레오파드 무늬 같은 경우 식빵 틀이나 홈 베이커리로도 만들 수 있어요. 다른 틀을 쓰는 경우에는 틀의 표기에 따라 전체 분량을 조절해주세요. 다만, 모양 반죽 부분은 이 책대로 분량을 맞추셔도 괜찮습니다.

Q3 반죽에 색을 입힐 때 아무래도 반죽마다 발효 시간차가 생기는데, 문제는 없나요?

A3 시간차는 신경 쓰지 않아도 되지만, 홈 베이커리로 재빠르게 착색해보세요.

기본 반죽이 만들어지면 분량대로 나눠 착색 파우더를 섞습니다. 이때, 홈 베이커리를 사용하면 만드는 시간을 단축할 수 있습니다. 저도 분량이 많은 것은 홈 베이커리, 소량은 손으로 반죽해서 섞는답니다. 발효 시간차는 신경 쓰지 않아도 괜찮아요.

홈 베이커리의 반죽하기 기능을 사용하여 착색한다.

Q4 저도 아이의 그림을 빵으로 만들고 싶어요! 어떻게 하면 Ran 씨처럼 잘 만들 수 있을까요?

A4 가능한 한 단순한 그림을 고르세요.

단순한 그림일수록 그림빵으로 만들기 쉽습니다. 선이 교차하는 경우는 어렵다는 걸 머릿속에 새겨두고 아이의 그림을 골라보세요. 몇 번 만들다 보면 요령이 생길 것이고, 설령 그림과 다르다 해도 아이는 분명히 기뻐할 겁니다.

Q5 천연 착색 파우더는 어떻게 구하나요?

A5 제과제빵 재료 전문점의 인터넷 쇼핑몰에서 구합니다.

코코아 파우더 외에는 보통 마트에서는 취급하지 않아 주로 인터넷에서 구입하고 있습니다. 이 책에서 사용한 시금치(녹색), 호박(노란색), 자색 고구마(분홍색) 파우더도 인터넷 쇼핑몰에서 구입했어요. 비트 파우더(빨간색)는 스무디용으로 판매되고 있는 파우더를 사용했습니다.

Q6 한 번에 다 먹지 못하면 어떻게 보관하나요?

A6 랩+비닐봉지에 넣어 냉동 보관합니다.

잘 구워진 빵을 케이크 쿨러에 세워서 식히고 원하는 두께로 자릅니다. 자른 빵은 1장씩 랩으로 싸서 비닐봉지에 넣어 냉동 보관합니다. 먹을 때는 주로 토스트로 먹죠. 이렇게 보관하여 2주 이내로 드시기 바랍니다.

Q7 1차 발효와 2차 발효 사이에 벤치타임bench time이 없어도 괜찮나요?

A7 성형하는 사이에 반죽을 휴지시킵니다.

대부분의 빵은 '1차 발효→벤치타임→성형→2차 발효' 과정을 거치지만 그림빵은 벤치타임이 필요하지 않습니다. 보통 빵보다 성형하는 데에 시간이 많이 걸리기 때문에 반죽을 휴지시키기 위한 벤치타임이 따로 필요 없어요.

특별한 날을 위한
그림빵

밸런타인데이, 크리스마스.
그림빵으로 특별한 날의 분위기를 바꿔보세요.

Santa Claus
레시피는 76쪽에

HEART
레시피는 74쪽에

Recipe #19
HEART

HEART

밸런타인데이에는 그림빵을 러스크(38쪽 레시피 참고)로 만들어 선물해보세요. 그림빵에 초콜릿을 씌우면 밸런타인데이에 더욱 어울리는 빵이 된답니다. 친구에게든 연인에게든 좋은 선물이 될 거예요.

[재료]

강력분……200g
박력분……50g
사탕수수 원당……2큰술
드라이이스트……1작은술
소금……⅔작은술
탈지분유(있다면)……10g
무염버터……25g

달걀……1개
미온수……90~100g
(달걀 포함 150g)

색 입히기 재료
비트 파우더……3g
뜨거운 물……적당량

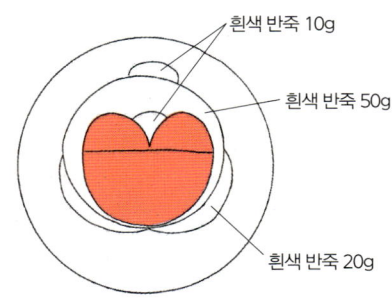

흰색 반죽 10g
흰색 반죽 50g
흰색 반죽 20g

074

1 기본 반죽 만들기(12~15쪽)대로 반죽하고 1차 발효까지 거친 후(a) 가볍게 눌러 가스를 빼고 반죽을 둥글린다.(b)

흰색 반죽 나머지   빨간색 반죽 100g

a

b

2 하트 모양이 될 반죽을 각각 계량하고 둥글린다.

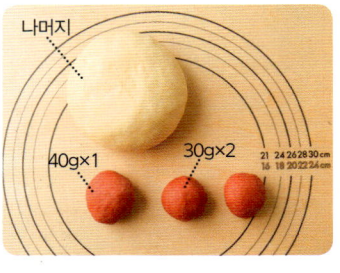

나머지

40g×1   30g×2

3 빨간색 반죽 40g짜리 1개와 30g짜리 2개를 각각 15㎝만큼 기다랗게 늘인다.

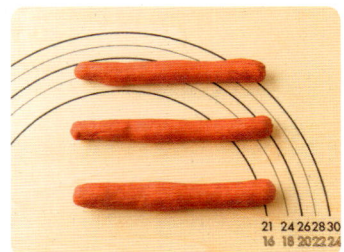

4 두꺼운 빨간색 반죽 위에 가는 빨간색 반죽 2개를 올린다.

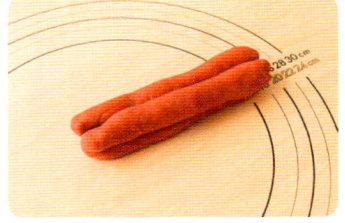

5 흰색 반죽에서 10g씩 2개를 떼어내 각각 15㎝만큼 기다랗게 늘인다. 흰색 반죽 1개를 가는 빨간색 반죽 사이에 올리고(c) 스크래퍼로 밀어 넣는다.(d)

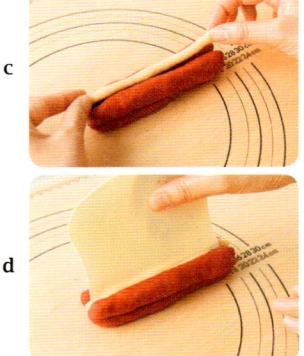

c

d

6 5를 뒤집어 두꺼운 빨간색 반죽과 가는 빨간색 반죽의 이음매를 손가락으로 꼬집듯 누르면서 하트 모양으로 다듬는다.

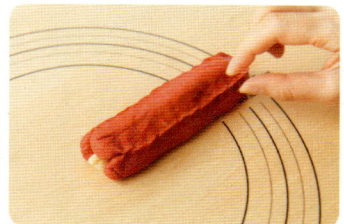

7 흰색 반죽에서 50g을 떼어내 15×10cm만큼 늘이고, 그 위에 6을 뒤집어 올리고 감싼다.(e) 이음매를 손가락으로 꼬집듯 누른다. 이 음매 위에 5의 흰색 반죽 1개를 올리고, 손가락으로 가볍게 누른다.(f)

e

f

8 7을 뒤집는다. 흰색 반죽에서 20g씩 2개를 떼어내 각각 15×3 cm만큼 늘여 7 양옆에 붙인다.(g) 이음매를 손가락으로 꼬집듯 누른다.(h)

g

h

9 나머지 흰색 반죽을 15×18cm만큼 늘이고, 그 위에 8을 뒤집어 올리고 감싼다. 밑 반죽을 들어 올려 감싸고,(i) 손가락으로 이음매를 꼬집은 후 가볍게 굴려 감춘다.(j)

i

j

10 이음매를 아래쪽으로 하여 틀에 넣고 2차 발효한다.(17쪽 참고)

발효 전

발효 후

11 180도로 예열한 오븐에 15분, 틀을 뒤집어 다시 15분 굽는다. 다 구워지면 틀에서 바로 빵을 꺼내 케이크 쿨러 위에 세워 식힌다.(17쪽 참고)

Santa ✹ Claus

Recipe #20 │ 산타클로스 │ 난이도 ★ ★ ★

크리스마스에 우리 집 식탁을 화려하게 만들어주는, 우스꽝스러운 표정이 재미있는 산타클로스 그림빵입니다. 과정이 많고 다소 어렵지만, 가족의 웃는 얼굴을 위해 힘내서 도전해볼 만한 가치가 있습니다!

[재료]

강력분······200g
박력분······50g
사탕수수 원당······2큰술
드라이이스트······1작은술
소금······⅔작은술
탈지분유(있다면)······10g
무염버터······25g

달걀······1개
미온수······90~100g
(달걀 포함 150g)

색 입히기 재료
코코아 파우더······1.6g
비트 파우더······1g
블랙 코코아 파우더······0.2g
뜨거운 물······적당량

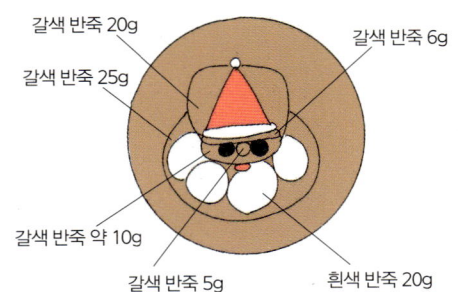

갈색 반죽 20g / 갈색 반죽 6g / 갈색 반죽 25g / 갈색 반죽 약 10g / 갈색 반죽 5g / 흰색 반죽 20g

1 기본 반죽 만들기(12~15쪽)대로 반죽하고 1차 발효까지 거친 후(**a**) 가볍게 눌러 가스를 빼고 반죽을 둥글린다.(**b**)

흰색 반죽 100g / 검은색 반죽 6g
a
b
빨간색 반죽 31g / 갈색 반죽 나머지

2 산타클로스 모양이 될 반죽을 각각 계량하고 둥글린다.

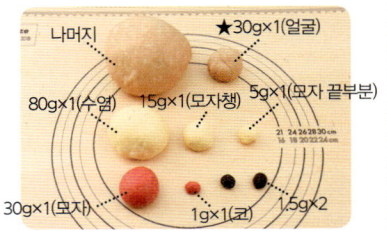

나머지 / ★30g×1(얼굴) / 80g×1(수염) / 15g×1(모자챙) / 5g×1(모자 끝부분) / 30g×1(모자) / 1g×1(코) / 1.5g×2

3 모자 끝부분을 만든다. 흰색 반죽 5g을 15㎝만큼 기다랗게 늘인다.

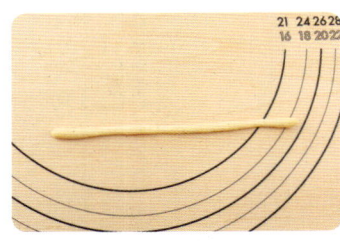

4 모자를 만든다. 빨간색 반죽 30g을 15㎝만큼 기다랗게 늘이고, 손가락으로 세모 모양을 만든다.(**c**) 나머지 갈색 반죽에서 20g씩 2개를 떼어내 각각 15㎝만큼 늘여 모자 양옆에 붙인다.(**d**)

c

d

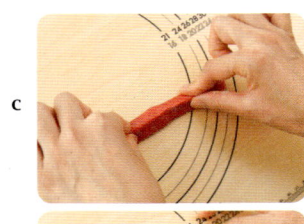
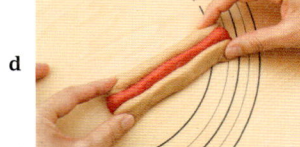

5 4 위에 3을 올린 후, 흰색 반죽과 갈색 반죽을 이어준다.

6 모자챙을 만든다. 흰색 반죽 15g을 15×5㎝만큼 늘인다. 5를 뒤집고 그 위에 놓는다.

7 이마를 만든다. 갈색 반죽(★)에서 6g을 떼어내 15×5㎝만큼 늘여 6 위에 놓는다.

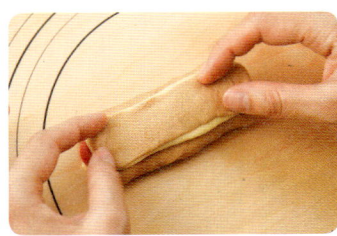

8 눈을 만든다. 검은색 반죽 1.5g 짜리 2개를 각각 15㎝만큼 기다 랗게 늘인다. 갈색 반죽(★)에서 5g씩 2개를 떼어내 각각 15×2 ㎝만큼 늘여 검은색 반죽을 감싼 다.(e) 손가락으로 이음매를 꼬 집은 후 가볍게 굴려 감춘다. 그 리고 갈색 반죽(★)에서 5g을 떼 어내 15㎝만큼 기다랗게 늘인 다.(f) 7 위에 눈을 올리고, 눈 사 이에 기다란 갈색 반죽을 놓는 다.(g)

e

f

g

9 갈색 반죽(★)의 나머지(약 10g) 를 15×10㎝만큼 늘여 8 위에 놓 는다. 그다음, 4의 갈색 반죽(d) 과 이어준다.

10 코를 만든다. 빨간색 반죽 1g을 15㎝만큼 기다랗게 늘여 9 위에 놓는다.

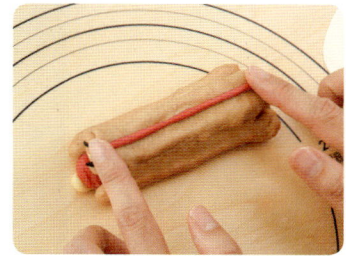

11 수염을 만든다. 흰색 반죽 80g에 서 20g씩 4개를 떼어내 각각 15 ㎝만큼 기다랗게 늘여 10 위에 놓는다.

12 갈색 반죽에서 25g을 떼어내 15 ×10㎝만큼 늘여 수염을 덮어씌 우듯이 올려놓는다.

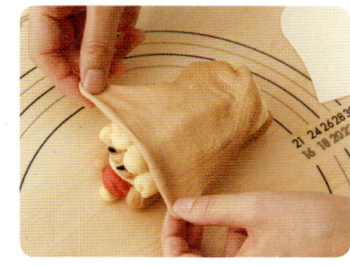

13 스크래퍼로 수염과 수염 사이에 라인을 만든다.

14 나머지 갈색 반죽을 15×18㎝만 큼 늘이고, 그 위에 13을 올리고 감싼다. 밑 반죽을 들어 올려 감 싸고(h) 손가락으로 이음매를 꼬 집은 후 가볍게 굴려 감춘다.(i)

h

i

15 이음매를 아래쪽으로 하여 틀에 넣고 2차 발효한다.(17쪽 참고)

발효 전

발효 후

16 180도로 예열한 오븐에 15분, 틀을 뒤집어 다시 15분 굽는다. 다 구워지면 틀에서 바로 빵을 꺼내 케이크 쿨러 위에 세워 식 힌다.(17쪽 참고)

그 밖의 다양한 그림빵들

이 책에서 소개하지 못한 그림빵들입니다.
인스타그램이나 블로그에서 반응이 좋았거나 추억이 남아 있는 그림빵을 소개합니다.

장마에 아들이 그린 수국입니다. 마음에 드는 그림빵 사진 중 하나예요.

색을 바꿔가며 가지각색의 꽃을 재현해보았어요.

아들이 그린 귀여운 나비와 포드라운 빵의 감촉이 포인트랍니다.

지인이 키우는 개의 얼굴을 그림빵으로 만들었습니다. 선물하니 매우 기뻐하더라고요.

단골 미용실에 간식으로 가져갔어요. 가위 그림빵을 러스크로 만들었습니다.

할로윈에 잭오랜턴jack-o'-lantern을 만들어보았어요!

접시에 빵 한 장 놓은 것만으로 그림이 됩니다. 나이프&포크 그림빵이에요.

2016년 연초에 원숭이해를 맞아 원숭이 그림빵을 만들었습니다.

먹을 때 생각 없이 팔에 얹어 보는 손목시계 그림빵.

마치며

마지막까지 읽어주셔서 감사합니다.
그림빵의 세계는 어땠나요?

수제 빵은 계절이나 날씨에 따라 구워진 상태가 달라질 수 있어요.
그 점이 그림빵을 만들기 어려운 이유이면서,
동시에 그림빵에 빠져드는 이유이기도 합니다.
항상 '그림빵을 만드는 건 쉽지 않구나' 하고 생각합니다.

그림빵은 보통 빵보다 상상력을 총동원해서 만들어야 합니다.
완성된 빵을 상상하면서 각 모양 반죽을 조립하는 작업은
찰흙 놀이 같기도, 공작 같기도 하죠.
지금까지 만들어왔던 빵과는 분명 다른 즐거움이 있습니다.

빵이 완성되고 자를 때까지 안이 어떻게 나올지 알 수 없어
가슴이 두근두근 떨리는 게 어느새 버릇이 되었죠.

무엇보다도 그림빵을 본 사람들의 웃는 얼굴을 보는 게 가장 기쁩니다.

만든 사람도, 받는 사람도, 먹는 사람도 행복하게 만들어주는 그림빵.
이 책을 보고 한 사람이라도 누군가에게 그림빵을 만들어준다면 굉장히 기쁠 겁니다.

마지막으로,
이번 여름은 매일 아침부터 밤까지 그림빵을 만들고, 또 구웠습니다.
그런 저를 응원하고 지지해준 가족, 친구, 제작 스태프와
인스타그램으로 이어진 전 세계의 모든 팬들께 진심으로 감사드립니다.

Ran

감사합니다!

스태프 야마나카 코지(山田耕司)(후소샤扶桑社), 하야시 유키(林紘輝)(후소샤扶桑社)

Original Japanese title: ILLUST PAN RECIPE BOOK
Copyright ⓒ 2016 Ran
Original Japanese edition published by Fusosha Publishing, Inc.
Korean translation rights arranged with Fusosha Publishing, Inc.
through The English Agency (Japan) Ltd. and Eric Yang Agency, Inc

그림 그대로 빵이 되는
코넬의 그림빵 레시피

초판 1쇄 2018년 5월 1일

지은이 Ran
옮긴이 나슬아

펴낸이 설응도
펴낸곳 라의눈

편집주간 안은주	**디자인** 김현미
편집장 최현숙	**영업·마케팅** 나길훈
편집팀장 김동훈	**전자출판** 설효섭
책임편집 고은희	**경영지원** 설동숙

출판등록 2014년 1월 13일(제2014-000011호)
주소 서울시 서초구 서초중앙로 29길 26(반포동) 낙강빌딩 2층
전화번호 02-466-1283
팩스번호 02-466-1301
e-mail 편집 editor@eyeofra.co.kr
　　　　마케팅 marketing@eyeofra.co.kr
　　　　경영지원 management@eyeofra.co.kr

ISBN 979-11-88726-16-5 13590